SOUVENIRS

D'UN

VOYAGE A CHISLEHURST

Par D. MALLET

Rédacteur en chef de LA SARTHE

ANCIEN OFFICIER AU RÉGIMENT DES MOBILES DE LA SARTHE

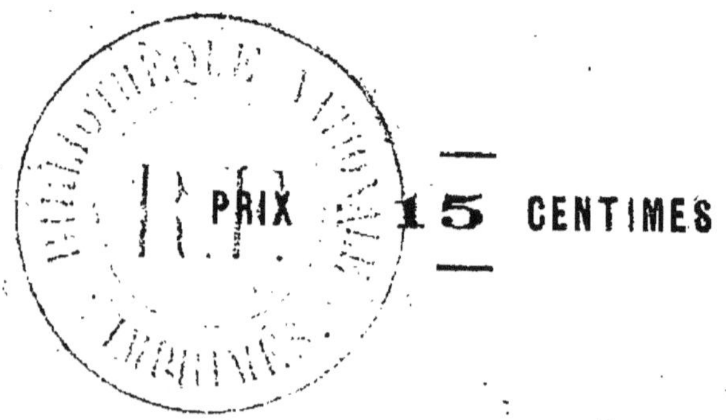

PRIX **15** CENTIMES

LE MANS

IMPRIMERIE E. CHAMPION

1874

AU LECTEUR

—

On ne nous reprochera pas sans doute d'avoir été sous l'Empire un courtisan du pouvoir.

Plus d'une fois nous avons fait de l'opposition à ses ministres, mais jamais nous n'avons attaqué la dynastie. En 1870, nous avons soutenu le plébiscite de toute notre énergie et nous restons, après comme avant les désastres, fidèlement dévoués à la cause des nobles Exilés de Chislehurst.

Nous avons regardé la révolution de Septembre, accomplie devant l'ennemi, comme un crime de lès-nation ; mais nous n'en avons pas moins servi pendant la guerre sous le drapeau de la France, tout en déplorant de la voir si tristement représentée et si mal conduite.

Depuis nos désastres, dus en grande partie à l'ambition insensée et à l'incapacité des Septembristes, nous avons attaqué vivement le gouvernement de M. Thiers, qui par sa complicité avec les radicaux, nous préparait de nouvelles catastrophes.

Le 24 mai, l'Assemblée renversait M. Thiers, et, après l'échec des tentatives fusionnistes, elle installait le 19 novembre un régime nouveau, le septennat. Ce régime, le parti impérialiste l'a accepté sans arrière-pensée et il n'est pas de ceux qui en contestent l'origine ou la validité. Mais il croit que la prévoyance est une vertu chez les politiques et que six ans de repos, lors même qu'ils seraient assurés, ne suffisent pas pour refaire la France, pour lui rendre sa prospérité et sa grandeur. « *L'ordre n'est pas la sécurité.* » Un régime provisoire peut assurer la tranquillité matérielle, mais il est impuissant à donner la confiance, qui fait les peuples riches et heureux.

L'industrie, le commerce, toutes les affaires sont en souffrance ; à cet état de malaise croissant, il importe de découvrir un remède. Ce remède, nous croyons le trouver dans un appel direct à la nation : ainsi seront tranchées toutes les difficultés qui paraissent inextricables, et devant le jugement du pays, personne n'aura le droit d'élever la voix pour protester ni pour se plaindre.

Un peuple voisin vient de nous donner l'exemple : La Suisse a décidé récemment, par voie plébiscitaire, la révision de sa Constitution fédérale. La question que nous voulons poser est plus simple, et tous les électeurs sont aptes à la résoudre. C'est l'application la plus complète et en même temps la plus légitime du suffrage universel. D'ailleurs, nous n'avons pas besoin de chercher à l'étranger des modèles ; ce principe, nous l'avons appliqué ; cette théorie, nous avons été les premiers à la mettre en pratique. Il suffit que nous consentions à nous imiter nous-mêmes.

D. M.

Le Mans, ce 28 avril 1874.

I

Le voyage. — Arrivée à Londres. — *Willis's Rooms*. — Discours de M. Rouher.

Je n'ai pas la prétention de raconter heure par heure, minute par minute, tous les détails de mon voyage. Je sais, que le *moi* est haïssable et je suis de ceux qui croient que les préoccupations personnelles refroidissent l'interêt, au lieu de l'augmenter.

Je m'efforcerai au contraire de dégager, autant que possible, l'impression générale et de la reproduire de mon mieux.

Toutefois, il y aurait une sorte de pédantisme renversé à éviter absolument de se mettre en scène. Je tâcherai de ne pas tomber non plus dans cet autre défaut, dont les inconvénients ne sont pas moins réels. En ne disant que ce qui est vrai, en ne rapportant que ce que j'ai vu ou tout au moins ce que je tiens de bonne source, je serai sûr de ne pas aller au-delà de la vérité. C'est là mon désir le plus vif, car je hais l'exagération en toutes choses, je déteste les grandes phrases et je suis, avant tout, épris de cette qualité si française, le naturel, — mérite bien rare aujourd'hui et dont nous avons presque perdu l'habitude et le souvenir.

Cela dit, j'entre sur-le-champ en matière.

Le vendredi 13 mars, à 5 heures et demie du soir, nous

partions de la gare Saint-Lazare, M. Champion, gérant de la *Sarthe* et moi, et nous prenions notre billet pour Dieppe.

C'était la route la plus longue; mais nous avions du temps devant nous et nous n'étions pas fâchés de faire l'expérience d'une petite traversée.

Quelques stations avant Dieppe, nous étions rejoints dans le wagon par un de nos anciens administrateurs M. Blanquart de Bailleul, le dernier préfet de l'Empire, celui qui eut à soutenir au Mans le contre-coup du 4 septembre. Lui aussi, il avait tenu à porter ses respectueux hommages aux augustes Exilés et il voulait se joindre à la députation envoyée en Angleterre par le département dont il avait été le dernier administrateur.

Après avoir passé la nuit et la journée suivante à Dieppe et dans les environs, nous nous embarquâmes le dimanche à 5 h. du matin; la mer était mauvaise ce jour-là, très-dure et très-houleuse et il était difficile de résister pendant sept heures aux rudes assauts qu'elle nous livrait. Tous les passagers, ou à peu près, durent lui payer leur tribut.

Enfin, vers midi, nous touchions heureusement la côte et deux heures après nous étions dans Londres.

A l'hôtel, nous trouvons un compatriote, M. Baudelocque, bien connu des lecteurs de *La Sarthe*, dont il est depuis quelque temps l'assidu collaborateur. M. Baudelocque est un ancien fonctionnaire de l'Empire qui s'honore de sa fidélité au malheur et qui se console de son inaction forcée en rendant, à la cause qui lui est chère, des services aussi désintéressés qu'effectifs.

A peine débarqués, il nous pilote dans Londres et nous conduit aux *Willis's Rooms*.

⁂

Ici deux mots d'explication sont nécessaires. On savait qu'un grand nombre de Français se rendraient en Angleterre pour célébrer l'anniversaire du 16 Mars. Il importait de leur indiquer un lieu de rendez-vous, un point de ralliement.

Les organisateurs de la manifestation ont choisi, avec beaucoup d'à-propos, une de ces grandes salles de réunion si nombreuses dans Londres, où l'on donne tour à tour des concerts, des conférences, des réunions politiques. Ils l'ont choisie dans le voisinage du quartier français, au centre de Londres, dans *King-street*.

C'est là que nos compatriotes arrivant tour à tour et par toutes les voies, se dirigent pour prendre des renseignements, pour se mettre au courant de l'ordre qui doit être observé le lendemain.

Au moment où nous arrivons, la grande salle est encombrée. De nombreuses tables sont dispersées en divers endroits ; autour d'elles se pressent des hommes, des femmes, debout, attendant les cartes qui leur sont nécessaires pour pénétrer le lendemain dans le parc de Chislehurst.

Car on a pensé avec raison qu'il y aurait inconvénient et danger à ouvrir indistinctement les portes à tout le monde. Pour obtenir un laissez-passer, on est donc obligé de satisfaire à des conditions assez compliquées.

Chacun est tenu d'écrire sur une feuille son nom, son adresse, sa profession ; de plus, il faut passer devant M. Lagrange, ancien chef de la police de sûreté, qui est chargé de vérifier l'identité, soit directement, si la chose est possible, soit sur la présentation de personnes à lui connues.

Des députés, des sénateurs, des ministres sont là, qui patronnent leurs électeurs, leurs amis. Enfin, après quelques pourparlers, M. Baudelocque parvient à nous exempter de ces formalités un peu longues. Nous avons en main nos cartes, signées, paraphées, nous sommes en règle. Les deux billets qui nous sont échus portent les numéros 6021 et 6022 ; il y a donc avant nous plus de 6000 pèlerins et nous ne sommes pas les derniers : toute la soirée et la matinée du lendemain la distribution a continué sans interruption.

Sans doute, il faut compter quelques Anglais dans une si grande affluence ; mais ils sont en petit nombre, et l'immense majorité est composée de Français.

Qui pouvait s'attendre à un pareil triomphe? Tous les calculs sont renversés, les plus belles espérances dépassées. Malgré tant de querelles, cherchées ouvertement ou non par le ministère, malgré de fâcheuses entraves, malgré la saison, malgré la mer, malgré la dépense, les ennuis et les fatigues d'un long voyage, plus de six mille de nos compatriotes ont tenu à honneur d'affirmer leurs convictions et de montrer par des preuves irrécusables l'attachement profond qu'ils conservent pour le régime impérial.

Les partis vraiment forts peuvent seuls accomplir de pareils miracles. En est-il un aujourd'hui — je le demande hardiment aux légitimistes, aux fusionnistes, aux orléanistes — en est-il un autre qui soit capable d'oser une pareille tentative, et surtout de la faire réussir ?

Les pèlerins de Frohsdorff, nous les respectons, nous les estimons plus que personne, nous n'avons jamais professé que de la sympathie et de l'admiration pour leur prince, mais il est impossible de se faire illusion, — ils sont en petit nombre, ils sont une minorité — imposante par l'illustration de la race, par la grandeur des noms, par l'importance des personnes, — mais toujours et quand même une minorité.

Ici au contraire, on voit accourir en foule et de tous les points du territoire français les hommes de bonne volonté, les impérialistes ardents, prêts à se dévouer pour leur cause, prêts à la soutenir de leur influence, de leur fortune, de leur talent. Toutes les classes de la société sont représentées ; c'est que l'Empire est au-dessus de la division des castes ; son but, sa mission providentielle a toujours été et sera toujours de les unir, de les fondre, d'en former un seul faisceau, solide et compact, de grouper toutes les forces vives du pays et de les diriger d'une main sûre et habile, pour les faire concourir au bien général. Il ne connaît pas de distinctions, pas de préférences ; toutes les capacités, il les utilise, tous les hommes loyaux et fermes, il les emploie, sans leur demander quelle est leur origine et sans chercher si leur passé est libre de tout engagement. L'Empire est le régime le plus conciliateur, le plus large, le plus compréhensif de tous. Voilà pourquoi la nation lui est restée si fidèle, pourquoi ses entrailles s'agitent profondément au seul nom du Prince dont nous allons saluer la majorité !

Qu'on nous pardonne ces réflexions qui viennent interrompre un instant notre récit. Elles nous ont paru nécessaires, et ce sont les faits mêmes qui nous les ont suggérées ; elles ont jailli avec tant d'abondance, elles se sont pressées sous notre plume avec tant d'impétuosité, que nous n'avons eu ni le courage ni la force de les retenir.

*
* *

Mais revenons à Londres.

En sortant de *Willis' Rooms*, nous prenons notre course à travers la ville. Nous parcourons les jardins publics, *Saint-James Park*, *Hyde-Park*, ces immenses espaces couverts en tout temps d'une verdure charmante, et peuplés dans l'été des arbres les plus florissants. Tout cela est plein de grandeur ; ici, d'ailleurs, tout nous étonne par des proportions inaccoutumées. Mais, en ce triste mois, les grands tilleuls sont dépouillés, pas une feuille pour égayer le regard, partout des troncs et des branches dénudés, noircis, — le tout perdu dans un épais brouillard qui estompe les contours, de manière à les noyer et à les rendre souvent à peine visibles.

C'est dimanche, la ville est tout entière au repos ; nulle part le precepte n'est plus religieusement observé. Non-seulement les magasins, sans exception aucune, sont strictement clos, mais les restaurants mêmes sont fermés à certaines heures ; tant pis pour les étrangers, pour les voyageurs, il faut attendre ou prendre ses précautions.

La poste ne fonctionne pas ; les boîtes aux lettres sont

cadenassées. Défense d'écrire ; il faut se contenter de lire la Bible, d'aller au temple et de faire quelque promenade hygiénique.

Aussi, dans l'après-midi, les rues et les promenades sont-elles pleines. Les enfants courent, jouent, foulent impitoyablement les pelouses, et cela sans avertissement ni réprimande. Des parties de balles, de crickets, de jeux divers sont engagées et passionnent de nombreux spectateurs.

Mais voici bien un autre spectacle. On entend un grand bruit du côté d'*Oxford-Street* ; des musiques, assez mauvaises par parenthèse, jettent dans les airs des accords au moins douteux. Une foule apparaît et grossit sans cesse ; vingt mille personnes sont réunies en un clin-d'œil.

Qu'est-ce là ? Une émeute ? A Paris il n'en faudrait pas tant. Mais nos voisins sont plus calmes.

C'est une manifestation, — une manifestation politique qui plus est. Et ceux qui se promènent ainsi par les rues sont des hommes de la classe la plus malheureuse, des Irlandais, des *fenians*, qui réclament la liberté de leurs frères prisonniers.

Ils sont pauvres, ils sont sales, déguenillés, on les voit se presser en longues files autour de leurs bannières vertes, chargées d'inscriptions dorées. C'est le cortége d'une révolution, mais l'esprit n'y est pas. Tout cela défile dans les allées des parcs et à travers les voies les plus fréquentées, sans désordre, sans cris séditieux. Tout le monde en Angleterre professe le respect de la loi et s'incline avec vénération devant elle.

Des policemen accompagnent cette foule hâve et ces misérables en haillons ; mais ils n'ont pas l'occasion d'exercer leur autorité ; ils sont là pour représenter la force, le pouvoir ; la sagesse des manifestants rend leur présence inutile. Intérieurement, nous faisons une comparaison qui n'est pas en faveur de notre chère France. Inutile de la développer ici ; mais l'histoire des cinquante dernières années ne nous fournirait que trop d'exemples et des arguments trop convaincants.

*
* *

Le dimanche soir, une réunion générale était annoncée aux *Willis's Rooms*. Tous les Français venus à Londres, tous ceux du moins qui, dans la journée, s'étaient présentés pour retirer leur carte, avaient été invités à prendre part au *meeting*.

Avant l'heure, la salle était pleine ; arrivés un peu tard, nous avons peine à pénétrer ; à force de persévérance, nous y parvenons cependant. Une petite et modeste tribune est dressée au milieu de l'un des grands côtés. M. Rouher y monte ; aussitôt un profond silence se fait dans toute l'assemblée. Le grand homme d'État se recueille un instant et, dans une allocution simple, mais pleine de cœur et où l'on sent déborder la joie et l'espérance, il trace brièvement le programme de la journée du lendemain. Il en rappelle l'objet et il en indique rapidement les conséquences. Il donne, avec cette clarté et cette autorité qui caractérisent sa parole, les renseignements, les indications nécessaires, pour que l'ordre ne cesse de régner dans la réception du lundi.

A chaque instant son improvisation est interrompue par les vivats les plus enthousiastes. Les cris de cette foule sympathique, nous ne pouvons les reproduire ici, on comprendra les raisons de notre réserve, et nous sommes sûr qu'on ne nous en saura pas mauvais gré.

M. Rouher a obtenu là, sur une terre étrangère, un de ces triomphes éclatants auxquels son éloquence était accoutumée autrefois. Cette majorité qui fut si docile à sa voix, si prompte à se rallier autour de son drapeau lorsqu'il l'élevait d'une main ferme, défiant hardiment les attaques de l'opposition, — il l'a retrouvée aux *Willis's Rooms* plus serrée et plus nombreuse ; et ce n'étaient plus, sans doute, comme au Palais-Bourbon, les représentants du suffrage universel, les députés de la nation ; mais l'auditoire qui se pressait autour de lui était composé de Français de tous rangs et de toutes qualités, tous dévoués à leur patrie, attachés à la famille des Napoléon, parce qu'ils comptent sur elle pour leur rendre la prospérité et la grandeur perdues, reconnaissants au grand ministre pour les services qu'il a rendus et pour la fidélité inviolable qu'il a gardée au milieu de tant de trahisons et de tant de faiblesses.

Ce succès si franc et si vif, ces applaudissements si spontanés, cet entraînement irrésistible qui soulevait une masse nombreuse, animée d'un même esprit, agitée par les mêmes émotions, n'était-ce pas comme une revanche tardive des tristes séances de l'Assemblée de Versailles, où les déclamations de M. d'Audiffret, les vociférations furieuses de la gauche ou encore le silence glacial de la majorité opposaient à la parole du député une résistance que ni la vigueur de son argumentation ni la chaleur convaincue de son éloquence ne pouvaient parvenir à vaincre ?

Il faut bien le dire, d'ailleurs, à Versailles même ils sont oubliés ces temps où les préventions et les défiances imméritées faisaient comme une solitude autour du courageux défenseur de l'Appel au peuple. L'autorité de son expérience, la supériorité de son talent s'imposent avec une telle puissance que les plus acharnés parmi ses adversaires sont réduits à s'incliner devant lui, à réclamer le secours de ses lumières. Dans les grandes commissions parlementaires sa voix est écoutée avec respect, avec déférence ; son opinion fait loi et les plus hardis se taisent lorsque, consentant à descendre dans l'arène, il veut bien résumer une question, la suivre dans tous ses développements, la retourner sous toutes ses faces, et indiquer une solution, dont on est heureux de faire son profit, tout en cherchant à en dissimuler la source.

A Londres, nous dira-t-on, l'auditoire qui acclamait M. Rouher, était entièrement composé d'impérialistes : donc il était à l'avance disposé à tout approuver ; peut-être, mais n'est-ce pas déjà une grave présomption en faveur de ce parti et de cet homme qui en est la tête, que de voir autour de lui un nombre si considérable de prosélytes, accourus de toutes les provinces françaises et si intimement unis dans leurs admirations, dans leurs vœux, dans leurs aspirations vers l'avenir ?

Au moment où l'orateur quitte la tribune, les applaudissements éclatent de toutes parts avec un ensemble qui est la meilleure preuve de cette parfaite communauté de vues et de souhaits. Mais ces témoignages collectifs, qui sont comme la voix de la foule, ne suffisent pas ; chacun veut approcher de M. Rouher, chacun a une question à lui poser, une félicitation à lui adresser pour son compte. Il a peine à descendre un à un les degrés de l'estrade ; on se presse autour de lui, les plus voisins l'accaparent, les plus éloignés s'épuisent en efforts surhumains pour fendre les flots et s'avancer jusqu'à lui.

Un flux et un reflux se déterminent dans la masse des assistants ; ce sont de vraies vagues avec les mouvements capricieux, les ondulations et les remous.

Cependant, nous touchons au but et l'un de nos députés, M. Haentjens, nous présente à son illustre collègue et ami ; celui-ci, toujours maître de lui au milieu du tumulte des assemblées, nous parle avec une rare affabilité, nous complimente pour les résultats obtenus et nous charme par des paroles trop flatteuses, que notre modestie ne nous permet pas de reproduire. Puis un mouvement de la foule le sépare de nous pour le livrer à de nouveaux interlocuteurs.

Au milieu de ces allées et venues inconscientes ou tout au moins involontaires, nous nous trouvons portés près de M. le duc de Padoue, à qui on veut bien nous présenter aussi et qui nous accueille avec son amabilité exquise, ses manières de gentilhomme accompli. M. de Padoue est l'organisateur de la manifestation. C'est lui qui en a réglé les détails, qui en a pris la responsabilité et qui plus tard en portera la peine, lorsque le gouvernement croira devoir exercer de mesquines vengeances.

Je ne connais pas de figure plus accueillante, de sourire plus gracieux sans banalité, de plus grand air en un mot et de manières plus charmantes que celles de M. de Padoue.

On parle sans cesse de la politesse de nos ancêtres, de l'aménité de leurs relations, des mérites de la vieille société et de l'ancienne cour ; on se plaint que ces qualités soient perdues, que l'histoire seule en ait conservé le souvenir. Ce sont là des reproches injustes ; et nous pourrions à l'encontre citer de nombreux exemples assurément ; un seul nom suffit, nous ne l'irons pas chercher loin , c'est M. le duc de Padoue qui nous le fournira et nous ne craindrons pas de nous voir accusés d'exagération ou d'erreur (1).

Quand on pense que cet homme si affable, ce politique si modéré, est précisément celui que M. de Broglie a choisi pour en faire une victime expiatoire, on ne saurait trop s'étonner vraiment de voir un ministre intelligent faire une pareille école. Il faut que le succès inouï des Impérialistes ait réellement troublé les idées de nos gouvernants. Mais nous ne voulons pas récriminer sur ces aberrations, qui heureusement n'ont été que des exceptions passagères et dont on s'est gardé de pousser les conséquences jusqu'au bout.

(1) M. le duc de Padoue est le beau-frère de M. de Talhouët, député de la Sarthe, ministre des Travaux publics, sous l'Empire.

II

De Londres à Chislehurst. — La messe : Le discours
de l'abbé Goddart. — Les députations dans le parc.
— Discours de M. de Padoue. — Discours du Prince
impérial. — Réceptions : Les délégués de la Sarthe.
— Visite à la Chapelle de Chislehurst. — Le dîner
du soir.

Cette journée du 16, nous l'attendions depuis longtemps
avec impatience et nous n'étions pas les seuls. A Camden-
Place, des préparatifs etaient faits pour lui donner toute
la solennité que comporte un événement aussi grave.

Le jour où un jeune homme atteint sa majorité civile est
une date mémorable, même lorsqu'il n'est qu'un simple
particulier et qu'il ne s'agit pour lui que d'entrer dans la
plénitude de ses droits de citoyen. Combien plus grave et
plus solennelle est cette date de la majorité politique pour
un prince qui, recueillant sur la terre d'exil l'héritage pa-
ternel, devient le représentant et le chef d'une dynastie tant
de fois acclamée par les suffrages populaires. Jusqu'ici l'Impératrice, proclamée régente en 1870, avait parlé au nom
de son fils, et les conseils de cette femme héroïque avaient
été pour lui des ordres. Maintenant encore, il les écoutera
ces conseils précieux donnés par une mère si courageuse
et si grande au milieu des malheurs.

Il les écoutera avec respect, il les recueillera avec amour, mais la décision lui appartient et il saura parler dignement au nom de l'auguste race dont il est le plus illustre rejeton.

La manifestation du 16 mars est pour lui une épreuve décisive, dont il importe essentiellement qu'il sorte avec tous les honneurs de la journée. Ceux qui ont pu le voir de près, qui ont été à même d'apprécier son caractère, de juger sa conduite, ceux qui ont admiré sa persévérance dans le travail et cette ardeur à l'étude qui lui fait obtenir à Woolwich les premiers rangs parmi ses camarades anglais, ceux-là ne craignent rien et nous rassurent par leur confiance. Ils sont certains que le prince Louis, le « quatrième Napoléon » saura toujours se montrer à la hauteur des événements ; le malheur l'a formé et mûri de bonne heure ; son éducation, commencée aux Tuileries, au milieu des sympathies respectueuses des amis et des serviteurs de son père, se termine dans les austérités de l'exil ; il n'aura pas perdu le fruit de ces graves et souvent terribles enseignements.

Les derniers jours de Napoléon III ont été consacrés par lui à de sérieux entretiens où l'âme du jeune Prince, encouragée et soutenue par la sagesse paternelle, s'est élevée aux graves considérations de la politique, et est parvenue à en embrasser d'une vue claire les profonds et vastes horizons.

Instruit par celui que le premier des journaux anglais, le *Times*, appelait dernièrement « le seul homme d'Etat digne de ce nom qu'ait possédé la France, » il est tout prêt, il est armé pour la lutte ; rien ne lui manque pour tenir dignement le rôle que lui réserve la Providence.

Nous repassions en nous-mêmes toutes ces pensées consolantes, lorsque le lundi matin nous faisions nos préparatifs de départ.

Le temps promettait d'être splendide ; le ciel de Londres, ordinairement couvert de nuages et voilé par un brouillard intense, laissait voir de larges échappées bleues qui faisaient espérer une complète éclaircie. On l'a remarqué bien souvent, et nos paysans ont coutume de le répéter, le soleil a toujours pris sa part des fêtes impériales ; depuis Austerlitz il a rarement manqué à l'appel. Cette fois-ci encore, il allait être fidèle à la vieille et douce tradition.

Les Anglais, extrêmement sympathiques à la cause du Prince, avaient pris les précautions les plus délicates pour aplanir les voies et pour faciliter le transport. En temps ordinaire, trois trains seulement font le service de Londres à Chislehurst. Le 16, la Compagnie avait organisé des départs de dix en dix minutes, depuis 9 heures du matin jusqu'au soir.

Nous prenons un des premiers à la gare de *Charing-Cross*. Rien de plus curieux et de plus nouveau pour des Français que ce voyage à travers les rues de Londres. La ville est sillonnée par une série très-compliquée de *railways*, qui traversent toutes les voies, tantôt passant au-dessus des maisons, tantôt s'enfonçant dans des tunnels, gardant leur niveau au milieu des diverses ondulations du terrain. Plusieurs stations se succèdent dans l'enceinte de Londres ; ici on prend le train comme ailleurs on prendrait un omnibus.

Enfin, nous avons dépassé les dernières maisons ; nous voilà dans les champs. De ce côté, la campagne est assez accidentée ; des lignes de collines viennent de temps en temps interrompre la monotonie du paysage. De jolis bouquets d'arbres, des prairies semblent défiler rapidement devant nous ; en été, cette contrée doit être charmante.

Chislehurst ! Les portières fermées à clef (usage anglais) s'ouvrent avec fracas. Les pèlerins descendent et ici encore ils retrouvent avec plaisir des témoignages du bon vouloir de leurs hôtes. Des drapeaux tricolores flottent dans la gare et ils portent en lettres d'or des inscriptions que l'amabilité des Anglais offre comme un gracieux salut au Prince Impérial et à ses amis.

Tout le monde se disperse et s'achemine joyeusement vers le château. Laissant le village à notre gauche, nous passons sous une large porte ogivale, de construction récente, qui forme ici comme un petit arc de triomphe. Les maisons de Chislehurst se groupent à quelque distance, propres, soignées, construites pour la plupart en briques mêlées de pierres ; elles sont toutes si admirablement entretenues qu'on les croirait bâties d'hier ; l'aspect de ces villages anglais est plein de gaieté et de coquetterie ; les cottages, même les plus simples, ne sont pas exempts d'une certaine recherche. Quelle différence avec nos lourdes bâtisses de campagne, souvent si poétiques dans leur délabrement, mais si souvent aussi, couvertes de mousse et à demi-ruinées ! D'un côté, ce sont les souvenirs du passé, c'est l'ancienneté, ce sont les ruines mêmes qui font l'intérêt, — de l'autre, au contraire, c'est la vie, c'est la jeunesse, ce sont les soins de tous les jours et les avantages pratiques qui en résultent pour les habitants.

*
* *

Au moment où nous arrivons, l'Impératrice et le Prince Impérial quittent leur résidence de Camden House, pour se rendre à la chapelle catholique de Chislehurst, distante d'un kilomètre environ.

La foule, déjà très-considérable, se précipite autour de leur calèche qui est forcée de prendre le pas.

A l'entrée du cimetière, qui forme un jardin autour de la chapelle, le cortége met pied à terre.

« Sous le péristyle, le Prince Impérial est reçu par M. Mourot, président du comité de pétitionnement pour l'appel au peuple, qui lui offre une branche du marronnier du 20 mars. Il y a sur cette branche, cueillie la veille, deux bourgeons pleins de vie. Le Prince détache les bourgeons et porte la branche elle-même sur le tombeau de l'Empereur (1). »

La Maison Impériale, les anciens ministres, les sénateurs, les députés et quelques fidèles, en tout trois cents personnes à peu près, pénètrent dans l'intérieur de l'église. Le reste des assistants stationne tout autour, pendant la durée du service divin. La foule grossit à tout instant ;

_____

(1) Compte-rendu publié par le *Gaulois*.

chaque train qui s'arrête amène des centaines de voyageurs.

Cette assistance, que les journaux ont évaluée à vingt mille personnes, est recueillie et profondément respectueuse. La douleur, les regrets se peignent sur tous les visages. Ceux mêmes qui sont venus en simples curieux sont gagnés par l'émotion générale. Mais au milieu de cette douleur muette, on sent comme un souffle d'espérance : près du tombeau un enfant est agenouillé ; cet enfant est déjà un homme, et la France compte sur lui.

La messe commence et au même moment le temple protestant se pavoise aux couleurs françaises et ses cloches sonnent à toutes volées.

L'abbé Goddart, curé catholique de Chislehurst, monte en chaire et d'une voix émue prononce un éloquent panégyrique de l'Empereur. Nous sommes heureux de pouvoir le reproduire ici textuellement :

« Il est bien étrange, bien fait pour éveiller d'émouvantes méditations, le spectacle qui, à cette heure, se déroule devant nos regards attendris.

« Pourquoi dans cette maison de Dieu, habituellement solitaire, ce concours de pieux visiteurs, venus de tant de lieux et rassemblés en phalanges si serrées ?

« Et pourquoi tant d'autres, qui n'ont pu franchir le seuil de ce temple, souffrent-ils d'être condamnés à une sorte d'absence ?

« Qu'y a-t-il donc, soit dans le passé, soit dans les mystérieuses espérances de l'avenir, d'assez puissant pour agiter ainsi tout un grand peuple comme un seul homme, remplir d'enthousiasme l'élite de ses fidèles, et, malgré tous les obstacles, les transporter en foule, au-delà des mers, jusqu'à ce rendez-vous religieux de leur amour et de leur dévouement ?

« Que trouvons-nous dans le passé ?

« Pour comprendre le caractère triomphal de notre incomparable solennité, pour découvrir le secret qui donne l'explication de cette fête douloureuse, faisons violence aux délicatesses de notre plus vive sensibilité. Levons les yeux — et nous voilà en face d'un tombeau !

« L'illustre défunt qui repose ici sur les promesses de sa foi, avait-il donc épuisé sa vie d'homme, ou bien, si nous l'avons vu s'éteindre prématurément, quelle a été la cause d'une catastrophe non moins inattendue que lamentable ? Ah ! sans doute, de graves soucis, des travaux qui eussent accablé plus tôt une nature ordinaire, puis des malheurs inouïs et surtout l'ingratitude avec toutes les injustices que lui prodiguèrent des haines sauvages.

« En effet, si l'Empereur est tombé, il est tombé non point par l'acte de la France, mais par l'acte d'hommes que j'appellerai la fange du genre humain, car ils ont osé faire la sédition la plus infâme qui fût jamais : une révolte en face de l'ennemi victorieux.

« Et, pourtant, cette noble victime des plus dures épreuves d'ici-bas, cette âme héroïque, toujours en paix avec elle-même, pour toute vengeance de tout mal, était toujours bonne, toujours bienveillante, couvrant de sa protection et de ses faveurs tout ce qui était faible et souffrant.

« Jamais cette noble nature, dans le feu même de ses plus amers souvenirs, n'a cédé à la tentation de confondre ses ennemis les plus criminels.

« Je le sais, je ne révèle rien à personne d'entre ceux qui composent cette auguste assemblée. Aucune sérieuse occupation n'a été plus chère à notre patriotisme que l'étude de cette magnifique histoire, qui apprendra aux âges les plus reculés comment Napoléon III, pendant de longues et heureuses années, a donné à la France la puissance et la gloire.

« Et même en dehors de nous, la lumière commence à se faire ; et l'histoire qui, bien que lente à juger, cependant juge avec justice, place déjà l'Empereur au premier rang parmi les plus grands et les plus nobles.

« Il y a deux jours seulement qu'une feuille publique, jouissant dans le monde de la plus grande influence, disait en parlant de l'Empereur : « Napoléon III s'est montré, non-seulement le premier, mais le seul véritable homme d'Etat que la France ait eu dans cette génération. »

« Il fut plus, mes frères, il fut Empereur chrétien, protecteur et défenseur de cette grande Eglise catholique dont je suis le plus humble ministre, et dont l'honneur m'est plus cher que la vie. C'est lui qui donna au clergé et aux ordres religieux cette liberté d'enseignement qui leur a permis de préserver la génération nouvelle de l'athéisme et de la corruption. C'est lui qui, dans toutes les villes de France, restaura et embellit nos églises. C'est lui enfin qui pendant de longues années, arrêta le torrent de la révolution ; et si, à la fin, l'Eglise a souffert, elle a souffert malgré lui et contre sa volonté.

« Voilà en peu de mots, ce-qu'il y a dans le passé pour expliquer l'empressement de cette foule autour de ce tombeau. Mais le présent et l'avenir viennent ajouter à ces grands souvenirs de grandes espérances.

« L'Empereur a laissé un fils, un prince né sur les marches du plus illustre des trônes, et qui a trouvé dans son berceau des droits à l'héritage de la plus enviée de toutes les couronnes souveraines.

« Puis, un jour, par de vrais coups de foudre, il plaît à celui qui mène les mondes de soumettre ce Prince aux angoisses des plus terribles épreuves.

« Mais rien n'était perdu sans retour. Pour demeurer plus fort que les ruines de l'adversité et que les douleurs de l'exil, ce Prince, atteignant sa dix-huitième année, accourra au pied de ces saints autels renouveler avec le Ciel ce pacte si touchant par lequel, s'immolant à ses glorieuses destinées : Oh ! mon Dieu, dira-t-il, sans vous, je le sais, sans vous les prodiges même du zèle et les combinaisons les plus éclatantes du génie resteraient sans efficace pour conduire à une fin heureuse les plus petites et les plus grandes entreprises. *Nisi Dominus œdificaverit domum, in vanum laboraverunt qui œdificant eam.* Plein de cette conviction, ô roi des siècles, à vous tout mon cœur avec ses plus saintes ambitions, à vous toute ma personne pour aller, à votre heure, rendre à une patrie qui nous est si chère tous les biens qu'elle regrette, sauver tout ce qui meurt et devenir le docile instrument des miracles de votre miséricorde !

« Oui, voilà tout le secret des vives émotions de cette grande solennité, et voilà pourquoi, dans l'intérieur de ce temple, autour de ses murailles, comme au-delà du détroit, la prière envoie vers le ciel ce cri d'espérance : *Béni soit celui qui vient au nom du Seigneur*, car tout certifie qu'il porte avec lui la nouvelle fortune de la France.

« Madame, éprouvée comme l'or dans la fournaise, rien n'a pu abattre votre courage ni votre patience, et vous êtes sortie de votre martyre plus glorieuse que jamais. L'œuvre à laquelle vous vous êtes dévouée s'accomplit. Vos exemples sublimes, vos sages conseils portent leur fruit. Veuillez encore une fois unir vos prières aux nôtres, et daigne le Seigneur les exaucer pleinement ! »

La cérémonie religieuse terminée, l'Impératrice et le Prince reprennent le chemin de Camden-House. La haie se forme des deux côtés de la route et des hourrahs frénétiques s'élèvent de toutes parts. C'est au milieu des cris enthousiastes sortis de toutes les poitrines qu'ils parcourent lentement le court intervalle qui les sépare de leur demeure.

La foule les accompagne jusqu'au seuil du parc ; mais ici elle est forcée de se diviser. Des policemen sont à la porte, chargés de contrôler avec soin l'identité de ceux qui se présentent pour entrer. Les Français, munis de cartes, pénètrent sans difficulté, les curieux anglais sont obligés, pour la plupart, de rester en dehors des murs.

Plusieurs musiques militaires sont installées dans les prairies voisines et elles n'ont cessé de faire entendre jusqu'au soir leurs plus joyeuses harmonies.

*
* *

Déjà les Français se répandent autour du château, des groupes se forment sur les pelouses, chacun reconnaît les siens. Les députations de chaque département doivent défiler devant le Prince et l'Impératrice, — en suivant l'ordre alphabétique. Pour éviter tout désordre, on a disposé le long d'une des principales allées du parc une série de pôteaux qui portent chacun un groupe de noms, — en commençant par l'Ain et en finissant par l'Yonne. La Seine, qui a envoyé près de mille représentants, forme à elle seule une division des plus imposantes.

Quant à nous, enfants de la Sarthe, nous sommes réunis aux départements des Pyrénées-Orientales, du Rhône, de la Saône, de Saône-et-Loire et de la Savoie.

Parmi les envoyés des Pyrénées-Orientales, nous remarquons un brave homme qui porte un magnifique drapeau en soie brodée d'or, avec des inscriptions et des emblêmes. Pendant toute la cérémonie, il l'a tenu « haut et ferme » et il a eu l'honneur de l'offrir lui-même au Prince; d'autres sont chargés d'énormes couronnes de violettes entremêlées de roses. Nous rencontrons, avec M. Paul de Cassagnac, des habitants du Gers, qui ont apporté du fond de leur province de vrais, de simples pots de fleurs, hommage touchant et qui sera accueilli avec reconnaissance par les heureux destinataires.

Dans les banquets officiels ou autres, il est toujours question de cette cordialité parfaite qui n'a cessé de régner entre tous les convives. Malheureusement ce n'est guere qu'un cliché dont l'exactitude est le plus souvent contestable. Ici l'entente est complète. D'un groupe à l'autre, on fraternise, on s'entretient des espérances communes. L'expansion est facile entre défenseurs d'une même cause; du moins, la fraternité n'est pas un vain mot. Les plus hauts dignitaires de l'Empire, les fonctionnaires de l'ordre le plus élevé se mêlent aux ouvriers, aux paysans; pas de morgue d'une part, pas de fausse timidité de l'autre. Ici, d'ailleurs, le principal mérite est aux plus humbles; ils ont eu plus de difficultés à vaincre et ils les ont heureusement surmontées.

Cependant, un mouvement se produit. On annonce que le

Prince va sortir. Aussitôt tout le monde se précipite sur la route qui doit lui donner passage.

A quelque cent pas dans le parc, une tente a été dressée pour abriter le cortége ; les représentants de la presse y ont pris place avec quelques personnes privilégiées — ou mieux avisées. Mais l'espace est fort restreint, et c'est aux alentours que parviennent à se masser le plus grand nombre des assistants.

Bientôt le prince Impérial paraît ayant à son bras l'Impératrice. A mesure qu'ils s'avancent, les acclamations redoublent ; enfin, le fond de la tente s'entr'ouvre, ils prennent place sur l'estrade, ayant à leurs côtés les dames de la maison et les grands dignitaires de l'Empire.

Nous parvenons à grand peine à nous approcher du bord ; quelques rangs seulement nous en séparent. Nous voyons parfaitement le Prince, nous ne perdrons pas un mot de son discours, pas un mouvement de son visage.

« L'Impératrice est très-émue, très-pâle ; le Prince, lui, essaye de cacher son émotion sous un sourire ; mais, à ses efforts et aux mouvements fébriles que sa volonté ne parvient pas à comprimer, on devine les sentiments auxquels il est en proie. Les bravos ne cessent pas. Pendant dix minutes au moins, les applaudissements et les *vivat* se prolongent. A cette explosion d'un enthousiasme aussi ardent et aussi sincère, l'Impératrice ne résiste plus ; les larmes s'échappent de ses yeux, des larmes bien douces après celles si cruelles qu'elle a versées depuis près de quatre ans. Le prince Impérial et l'Impératrice sont assis sur le premier plan de l'estrade ; immédiatement derrière eux et M. Rouher, le plus rapproché de tous, sont les anciens ministres (1). »

*
* *

Enfin, la tempête commence à s'apaiser, le silence se rétablit peu à peu. M. le duc de Padoue se lève et pro-

(1) Extrait du compte-rendu de M. Em. Blavet.

nonce le discours suivant qui est souvent interrompu par les applaudissements de l'auditoire :

Monseigneur,

« Notre premier hommage était dû à l'Empereur. La prière nous a réunis autour de son tombeau ; nous nous sommes rappelé cette grande âme, à laquelle le rang suprême n'avait enlevé aucune de ses exquises délicatesses et que l'infortune avait laissée noble et sereine.

« Oublieux des ingratitudes, dédaigneux des haines, l'Empereur n'a jamais, après tant de désastres subis, fait tomber une parole amère de ses lèvres attristées.

« Nous qui l'avons connu, nous l'avons bien aimé, Monseigneur, et cette affection est notre premier lien avec vous, qui portez si haut le sentiment de la piété filiale.

« Des divers points du territoire, nous nous sommes donné rendez-vous au jour anniversaire de votre naissance ; ceux qui n'ont pu venir vous ont adressé les témoignages de leur fidélité.

« Permettez moi, Monseigneur, de préciser en peu de mots le caractère vrai de cette réunion.

Les partis de France propagent leurs doctrines et cherchent à en hâter le triomphe ; nous ne pouvions garder le silence : la cause impériale occupe une trop grande place dans le pays.

« Résolus à ne pas franchir les limites de la loi, nous avons le droit de rappeler le passé, de nous interroger sur les aspirations de notre patrie et de proclamer nos croyances devant le représentant d'une dynastie qui, en ce siècle, a occupé le trône pendant plus de trente années.

« Il y a dix-huit ans, Monseigneur, le peuple français acclamait votre naissance ; l'Europe, réunie au congrès de Paris, s'associait à ses joies et à ses espérances. Vous receviez le titre d'Enfant de France.

« Aujourd'hui, si la tempête n'avait pas arrêté le cours de la volonté nationale, les constitutions de l'Empire remettraient entre vos mains les destinées du pays.

« Au contraire, depuis trois années, les tentatives pour constituer un gouvernement définitif naissent et meurent dans l'impuissance. La nation, tout en se confiant à la loyauté du maréchal de Mac-Mahon, qui a la garde temporaire de ses intérêts, est inquiète sur son avenir, et l'activité nationale est en souffrance.

« La sécurité ne peut être reconquise que par la loyale et libre expansion de la volonté de tous s'imposant au patriotisme de chacun.

« Quel gouvernement choisira le suffrage universel exerçant son indiscutable souveraineté ?

« La France est démocratique, mais elle veut l'ordre et l'autorité. La République n'a jamais été pour elle qu'une intermittence ou une transition; elle ne lui a été imposée que par la terreur, une insurrection triomphante ou un attentat commis sous les yeux et au profit de l'ennemi.

« La dynastie des Napoléon a été choisie dans les rangs du peuple pour représenter et garantir les intérêts et les droits de notre société moderne. Fondée, relevée, soutenue par d'innombrables suffrages, elle est l'élue, non d'une classe, mais de la nation entière.

« Ce sont là vos titres, Monseigneur, et cette nation qui les a écrits de sa main ne saurait les oublier.

« Ceux qui la disent versatile et révolutionnaire la calomnient. Sans doute les surfaces sont facilement agitées par les vents contraires, et notre sort n'a été que trop de fois à la merci de l'émeute.

« Mais la foi politique du peuple est comme sa religion : elle n'est un instant courbée par l'orage que pour se relever plus ardente et plus fière. Nous sommes nombreux autour de vous, Monseigneur; mais mille fois plus nombreux sont ceux qui, sur la terre française, célèbrent le 16 mars par leurs vœux et leurs prières.

« Attendez donc avec confiance. Personne n'arrêtera le courant national ; vivez les heures de l'exil dans le recueillement et le travail, entouré des tendresses d'une mère dont le courage et la patriotique abnégation ont marqué la noble place dans l'histoire ; mais soyez prêt pour les desseins de la Providence. »

* *
*

Dès que M. de Padoue a cessé de parler, le Prince Impérial se lève. Nouvelle explosion d'enthousiasme ; pendant plusieurs minutes, il lui est impossible de faire entendre un seul mot, les acclamations partent de tous côtés avec un ensemble merveilleux. Pour lui, calme et sérieux, il attend patiemment et il semble remercier du fond du cœur cette foule qui lui témoigne tant d'affection et qui lui promet tant de dévouement. Dès les premiers mots, il est contraint de s'arrêter ; les cris recommencent et viennent souligner chacune de ses phrases. Une émotion indicible agite l'assemblée; autour de nous, nous voyons des larmes dans tous les yeux. Jamais nous n'avons assisté à un pareil spectacle. Les cœurs les plus froids, les ennemis les plus acharnés n'auraient pu y rester insensibles. Jamais, en effet, on ne vit un accord plus complet, une communication, une harmonie plus parfaites. On eût dit un courant électrique s'établissant entre le jeune orateur et son immense auditoire. L'approbation est unanime; les expressions seules diffèrent. Le passage si heureusement appliqué au maréchal Mac-Mahon, provoque des applaudissements longtemps prolongés... Mais si l'en voulait signaler tous les mots qui portent, il faudrait tout citer et les commentaires seraient sans fin; contentons nous de reproduire.

Voici donc les paroles prononcées par le Prince Louis-Napoléon en réponse à l'allocution de M. le duc de Padoue :

Monsieur le Duc,
Messieurs,

En vous réunissant ici aujourd'hui, vous avez obéi à un sentiment de fidélité envers le souvenir de l'Empereur, et c'est de quoi je veux d'abord vous remercier. La conscience publique a vengé des calomnies cette grande mémoire et voit l'Empereur sous ses traits véritables.

Vous qui venez des diverses contrées du pays, vous pouvez lui rendre témoignage; son règne n'a été qu'une constante sollicitude pour le bien de tous, sa dernière journée sur la terre de France a été une journée d'héroïsme et d'abnégation.

Votre présence autour de moi, les adresses qui me parviennent en grand nombre attestent combien la France est inquiète de ses destinées futures : l'ordre est protégé par l'épée du duc de Magenta, ancien compagnon des gloires et des malheurs de mon père. Sa loyauté nous est un sûr garant qu'il ne laissera pas exposé aux surprises des partis le dépôt qu'il a reçu. Mais l'ordre matériel n'est pas la sécurité.

L'avenir demeure inconnu, les intérêts s'en effraient, les passions peuvent en abuser.

De là est né le sentiment dont vous m'apportez l'écho, celui qui entraîne l'opinion avec une puissance irrésistible vers un recours direct à la nation pour jeter les fondements d'un gouvernement définitif. Le Plébiscite, c'est le salut et c'est le droit, la force rendue au pouvoir et l'ère des longues sécurités rouverte au pays : C'est un grand parti national, sans vainqueurs ni vaincus, s'élevant au-dessus de tous pour les réconcilier.

La France, librement consultée, jettera-t-elle les yeux sur le fils de Napoléon III? Cette pensée éveille en moi moins d'orgueil que de défiance de mes forces. L'Empereur m'a appris de quel poids pèse l'autorité souveraine, même sur de viriles épaules, et combien sont nécessaires, pour accomplir une si haute mission, la foi en soi-même et le sentiment du devoir.

C'est cette foi qui me donnera ce qui manque à ma jeunesse. Uni à ma mère par la plus tendre et la plus reconnaissante affection, je travaillerai sans relâche à devancer le progrès des années. Quand l'heure sera venue, si un autre gouvernement réunit les suffrages du plus grand nombre, je m'inclinerai avec respect devant la décision du pays. Si le nom des Napoléon sort pour la huitième fois des urnes populaires, je suis prêt à accepter la responsabilité que m'imposerait le vote de la nation.

Telle est ma pensée : je vous remercie d'avoir parcouru une longue route pour venir en recueillir l'expression.

Reportez aux absents mon souvenir, à la France les vœux de l'un de ses enfants : mon courage et ma vie lui appartiennent.

Que Dieu veille sur elle, et lui rende ses prospérités et sa grandeur !

Nous ne saurions décrire ici l'impression profonde que ce discours si sage et si patriotique a produite sur l'assistance. C'était d'abord un sentiment d'admiration mêlée d'étonnement. Ce jeune homme a la voix ferme et timbrée comme un homme fait.

Un paysan du midi, après avoir recueilli avidement tout ce qui tombait de la bouche du Prince, s'est écrié dans son langage pittoresque : « B..., mais c'est un mâle ! » L'appréciation paraîtra sans doute un peu crue ; nous avons tenu à la citer cependant, car elle rend admirablement l'effet général et elle le résume en un mot frappant.

Personne ne s'attendait à trouver chez un jeune homme de 18 ans, — fût-il un Napoléon, — cette fermeté, cette décision, cette énergie. Certaines intonations nous ont rappelé le fameux engagement de 1869 : « L'ordre, j'en réponds ! » On sentait que l'inspiration était la même et que la race n'avait pas dégénéré. Pour mon compte, je n'oublierai pas la vigueur avec laquelle le Prince a accentué cette phrase qui est une déclaration de principes : « Le plébiscite, c'est le salut et c'est le droit ; » on sentait la conviction ardente et raisonnée, qui ne se forme qu'après examen et discussion, mais qui, une fois sûre d'elle-même, est capable de soutenir un principe et de le défendre jusqu'à la mort.

Les discours terminés, le Prince reprend le chemin du

château, entouré par la foule qui se presse sur son passage — et les réceptions commencent.

Le premier groupe est appelé. Les délégués de chaque département pénètrent tour à tour dans un vaste salon, où se tiennent le Prince Impérial, l'Impératrice et les grands dignitaires.

Un député, un sénateur, ou quelque haut fonctionnaire l'Empire présente au Prince et à son auguste Mère chacune des personnes qui font partie de la députation.

Je ne raconterai pas ici toutes les scènes auxquelles a donné lieu ce long défilé. Il en est une cependant que tous les journaux ont rappelée, c'est la présentation de Mme Lebon, doyenne des dames de la Halle, « qui n'avait pas redouté d'affronter les fatigues et les souffrances de la traversée pour apporter à Son Altesse une immense enveloppe remplie de lettres, de vers et d'adresses recouvertes d'une quantité innombrables de signatures. Mme Lebon était accompagnée d'une autre dame et d'un fort de la Halle. Ce témoignage de dévouement a causé une vive émotion au Prince. Mme Lebon, dit le *Gaulois*, paraissait radieuse de la réception si particulièrement sympathique que le Prince lui a faite et des remerciements dont il l'a chargée pour tous les amis inconnus dont le dévouement lui envoyait de tels témoignages. Mme Lebon, ayant embrassé le Prince au berceau, a été admise à l'embrasser homme. »

Nous avons pris cette anecdote entre mille ; nous ne pouvons nous astreindre à les reproduire toutes. Nous avons hâte d'arriver à la partie qui nous concerne personnellement, et de redire ce que nous avons vu et entendu.

*
* *

Des Français, établis à Londres, avaient voulu se joindre à notre députation de la Sarthe pour présenter leurs hommages aux hôtes de Chislehurst ; mais, comme ils nous étaient inconnus, force avait été de les éliminer, malgré leurs cartes.

L'ordre alphabétique nous étant défavorable, la journée était assez avancée lorsque notre tour est venu. Nous ne pouvions disposer de beaucoup de temps ; en présence d'un pareil concours, il eût fallu bien des journées pour accorder à tous de longues audiences.

M. Haentjens, député de la Sarthe, nous présente successivement au Prince, qui trouve le temps de dire à chacun une parole aimable. MM. Leret-d'Aubigny, ancien député au Corps législatif, Blanquart de Bailleul, ex-préfet de la Sarthe ; Jacquet, secrétaire-général ; Talvande, banquier ; De Tascher, Faliès, ingénieur en chef de la compagnie de Mamers à Saint-Calais ; Champion, gérant de *la Sarthe*, et quelques autres dont les noms m'échappent, vont tour à tour saluer le Prince qui leur serre affectueusement la main.

On me permettra d'ajouter ici un souvenir qui m'est particulièrement précieux et qui touchera, j'en suis sûr, tous mes anciens compagnons d'armes. M. Haentjens rappelle au Prince que trois engagés volontaires de la dernière guerre sont au nombre des délégués sarthois, — M. Faliès, qui a brillamment servi dans l'état-major du général Jaurès, et qui a gagné sur le champ de bataille la croix de la Légion d'honneur. M. de Tascher, capitaine au 4e bataillon des mobiles de la Sarthe et celui qui écrit ces lignes, — lieutenant au 3e bataillon du 33e mobiles.

Aussitôt Son Altesse m'adresse sur la bataille de Coulmiers, à laquelle elle sait que j'ai pris part, des questions pleines d'intérêt et, dans quelques mots émus, trouve l'occasion de nous montrer qu'elle se souvient que le régiment de la Sarthe a été mis à l'ordre du jour après cette victoire.

Un de nos compagnons de voyage — un des plus ardents et des plus dévoués à la cause impériale, — M. Baudelocque, nous avait quittés et, au moment de notre entrée, il manquait à l'appel. Nous allons emprunter à l'un des articles publiés par lui dans le journal la *Sarthe*, sous le titre : Propos d'un Bourgeois du Mans, le récit de sa réception :

« Rien n'était pittoresque comme le *groupement* des

députations autour des poteaux de ralliement. A ce propos, il m'est échu une grande faveur en même temps qu'une contrariété. Je tenais essentiellement à me joindre à *la députation de la Sarthe*; *bourgeois du Mans*, ma place était à côté de l'honorable député de la Sarthe, qui présentait les Manceaux. Au moment où je rejoignais mon poteau indicateur, mon ami Thoinnet de la Thurmelière m'aborde et me dit : « Le duc de Padoue vous fait chercher partout; « venez. »

« Je me hâtai de rentrer dans la villa et le duc voulut bien me dire qu'en l'absence d'anciens administrateurs du département de la Haute-Loire, j'avais été désigné pour présenter au Prince la députation de ce département. Inutile de dire que j'acceptai avec joie, non sans regretter toutefois de ne pouvoir me joindre à mes amis de la Sarthe. J'ai donc présenté ceux qui, pour venir de Brioude, mon ancien arrondissement, n'ont pas craint de traverser toute la France, et lorsque le Prince a bien voulu me dire : « Je « crois, monsieur Baudelocque, que Brioude a été votre « poste de début. » J'ai répondu : « Oui, Monseigneur, et « j'ai fait là une rude campagne, mais c'est un bon souve- « nir que vient raviver la députation que j'ai l'honneur de « présenter à Votre Altesse »

« Le Prince m'adressa ensuite quelques paroles trop flatteuses et trop personnelles pour qu'il me soit possible de les répéter et je sortis ému, heureux, serrant les mains de mes anciens administrés et les chargeant de mille compliments affectueux pour tous ceux qui à Brioude n'ont pas oublié l'ancien sous-préfet à poigne de l'Empire. »

Un incident des plus touchants, et qui a profondément ému l'assistance, a signalé la réception faite par l'Impératrice à M. Podevin, l'ancien préfet de Nancy. On se souvient que, lors de la reddition de cette ville, qui fut prise par quatre uhlans, le gouvernement crut devoir destituer M. Podevin que l'on rendit responsable, bien à tort, de cet événement. Cette destitution surprit beaucoup les nombreux amis de M. Podevin, qui connaissaient depuis longtemps son énergie, son courage et son dévouement. En effet, M. Podevin, qui n'avait jamais, dans sa longue carrière, cessé de faire preuve des plus grandes qualités d'esprit et de cœur, fut désigné, lors des inondations, par l'enthousiasme des populations des pays inondés, au choix de l'Empereur qui l'avait alors nommé préfet.

Lorsque M. Podevin est entré dans le salon de réception, l'Impératrice est venue à sa rencontre, et, lui prenant les deux mains. l'a remercié chaleureusement des services rendus à la famille impériale, le priant de prendre ce témoignage public comme une réhabilitation entière de sa conduite à Nancy, que les tristes événements du commencement de la guerre de 1870 avaient empêché de voir sous son vrai jour.

On sait que M. Podevin est l'un de nos compatriotes. Il est né à Saint-Côme-de-Vair et, s'il a quitté depuis longtemps la Sarthe pour faire dans l'administration une brillante carrière si malheureusement interrompue par les désastres de 1870, il y a laissé du moins de très-vivants souvenirs.

* *
*

Pour nous, après la réception, nous nous acheminâmes vers la chapelle qui renferme les cendres de l'Empereur. Nous l'avions à peine vue le matin et nous voulions en remporter une image plus complète et plus exacte.

Là encore l'affluence était si considérable qu'il nous fallut attendre longtemps avant de pouvoir entrer. La porte du petit cimetière était fermée pour éviter l'encombrement et elle ne s'ouvrait qu'au moment où une série de visiteurs sortait de l'église. Celle-ci est d'ailleurs une très-petite construction d'architecture gothique moderne ; les murs extérieurs en sont à moitié tapissés par un énorme lierre, que les pèlerins ont en partie dépouillé de ses branches pour en faire de pieuses reliques.

Au-dedans aucune espèce de luxe; c'est bien une simple et modeste église de campagne, on le sent et on le voit; mais la prière n'y est-elle pas plus tranquille et le repos plus profond ?

Dans une chapelle située à gauche du chœur se dresse le mausolée de l'Empereur. Il consiste en un énorme sarcophage de granit, sans aucun ornement, avec une inscription indiquant qu'il a été offert à l'Impératrice par la reine Victoria, « comme un témoignage de son affectueuse sympathie. » Il disparaît sous une montagne de couronnes et de bouquets de violettes de toutes dimensions, déposées par les pèlerins.

En présence de ce tombeau si simple, où dort sur la terre d'exil celui qui fut pendant longtemps l'arbitre de l'Europe, on ne peut se défendre de quelques réflexions morales inspirées par la simplicité du lieu comparée à la grandeur de l'homme. Nous ne nous y arrêterons pas par crainte de ce qui pourrait ressembler à de la déclamation. Il suffit de les indiquer d'ailleurs pour que l'esprit du lecteur les complète de lui-même.

Un jour viendra peut-être où les restes mortels qui reposent à Chislehurst sous la garde sympathique de quelques prêtres anglais, seront solennellement ramenés dans cette France que Napoléon III, lui aussi, aima plus que tout au monde. Alors, dans ce Paris, qui a témoigné tant d'ingratitude pour le souverain déchu, on reverra encore le prodigieux enthousiasme et les scènes touchantes qui marquèrent en 1840, le retour des cendres du premier Empereur.

. . . .

Après notre visite au tombeau de Napoléon III, nous retournons vers Camden-Place. Pour satisfaire la curiosité des visiteurs qui n'ont pu être présentés, le Prince est sorti avec l'Impératrice et s'est avancé dans le parc. Au moment où nous arrivons, il rentre, accompagné de sa mère et la foule se précipite avec tant d'ardeur pour tâcher de les voir de plus près, que l'on craint un instant pour eux. Mais les policemen anglais sont à leur poste. En une seconde, ils entourent Leurs Majestés ; ils forment autour d'elles un cercle complet et, jouant des coudes avec une vigueur peu commune, ils repoussent énergiquement les curieux indiscrets et réussissent à ménager un passage jusqu'aux marches du perron. Plusieurs personnages de distinction accourus pour protéger la famille Impériale ont reçu des coups dans cette bagarre ; au milieu d'une si grande confusion. les policemen n'avaient ni le loisir ni le moyen de distinguer ; en tout cas, ils avaient bravement fait leur devoir.

Au retour, quelques reproches furent adressés au Prince, on blâma son audace un peu téméraire ; mais il y a des conditions où l'excès de la hardiesse est facilement excusable et ce genre de blâme n'était pas fait, croyons-nous, pour déplaire au brillant élève de Woolwich.

Le soir, un grand dîner réunissait à la table de Camden-House les députés du groupe de l'Appel au Peuple. Qu'on nous permette d'emprunter ici quelques fragments d'un compte-rendu adressé de Londres à *la Sarthe :*

Londres, 17 mars 1874.

« Il y avait, au dîner d'hier soir, environ une quarantaine de couverts. A la droite du Prince, se trouvait Mme Rouher, à sa gauche Mme Haentjens. L'Impératrice avait à sa droite le Prince Charles Bonaparte, à sa gauche M. Rouher.

« Puis venaient le duc de Padoue, M. Haentjens, ancien président et M. le baron Eschàssériaux, président actuel de la réunion de l'Appel au Peuple.

« Pendant le dîner, le Prince et l'Impératrice se sont montrés on ne peut plus touchés des témoignages de sympathie qu'avait reçus pendant la journée la famille impériale.

« Les augustes exilés se sont, comme dans toutes les occasions, montrés d'une grande bienveillance à l'égard de M. Haentjens.

« On n'oublie pas, à Camden-House, que l'honorable

représentant de la Sarthe est un des huit députés qui ont voté contre la déchéance en mars 1871. »

On n'oublie pas non plus les éminents services qu'il a rendus en toute occasion à la cause impérialiste et le dévouement dont il n'a cessé de faire preuve, restant fidèle au régime déchu, lorsque tant de favoris de la veille étaient devenus les traîtres du lendemain.

On sait avec quelle autorité et avec quelle intelligence politique il a dirigé la reunion dé l'Appel au Peuple pendant qu'il en a été le président. On sait enfin que, partout et toujours, à l'Assemblée comme dans son departement, il a été l'un des plus fermes et des plus habiles, l'un des plus inébranlables dans leur conviction et dans leur attachement respectueux aux personnes.

Il recueille aujourd'hui la récompense due à l'énergie de son caractère et à la droiture inattaquable de sa conduite ; et cette récompense, personne ne la lui envie, car on sait qu'il l'a vaillamment méritée.

III

Le 17 mars. — Visite à M. Rouher. — La chambre
mortuaire et le cabinet de l'Empereur.— Audiences
de l'Impératrice et du Prince impérial.—Conclusion.

La grande et importante manifestation du 16 mars avait
réussi au-delà de toutes les espérances. Là où le gouvernement croyait voir seulement quelques centaines de fidèles,
nous avions rencontré des milliers de compatriotes.

Le discours prononcé à Chislehurst était publié au même
moment par plusieurs journaux de Paris, par le *Pays*,
par l'*Ordre*. Des télégrammes annonçaient le soir même
qu'il avait été accueilli avec une grande faveur ; on le
commentait sur les boulevards, on en pesait tous les
termes, et l'opinion publique accueillait avec une extrême
faveur ce langage si mesuré, si calme, si vraiment fort.
Les officieux avaient beau chercher à donner le change, et
à diminuer l'importance de l'acte qui s'accomplissait en
Angleterre, on sentait bien qu'il se passait là un fait politique d'une haute gravité, dont il était puéril et d'ailleurs
absolument inutile de prétendre atténuer la portée.

Le lendemain d'ailleurs, tous les journaux anglais s'ac-
cordaient à reconnaître que « ce n'était pas là une cérémonie

vide de sens, ni une simple manifestation d'amis ou de serviteurs attachés à la famille par les liens de la reconnaissance, mais que les bonapartistes étaient venus délibérément de tous les points de la France pour accomplir un
acte national d'hommage au quatrième Napoléon et que le
parti s'etait, par ce fait même, constitué d'une manière solennelle. »

Quant aux journaux français, les uns par leurs violences
et leurs dédains affectés laissaient voir que le coup avait
porté juste et fort ; les autres coustataient avec une impartialité plus ou moins complète l'effet immense produit
par le discours du Prince Impérial.

Pour nous, il nous restait un devoir à remplir — un
devoir facile et agréable d'ailleurs. — Après avoir pris
notre part de la fête commune, nous désirions avoir l'honneur d'entretenir en particulier le Prince et son illustre
Mère: nous voulions les féliciter du succès obtenu la veille
et accomplir auprès d'eux les messages dont nous avaient
chargés tant d'amis inconnus, mais religieusement dévoués
à leur cause.

Les demandes d'audiences étaient nombreuses ; toutefois
nous comptions sur l'influence de M. Haentjens pour faire
avancer notre tour. En effet, le 17 au matin, j'apprenais
que nous serions reçus dans l'après-midi à Chislehurst. A
deux heures et demie, nous partions, M. et Mme Haentjens,
MM. Faliès, Talvande et moi de la gare de *Charing-Cross*.

Le train emportait cette fois encore un grand nombre
de visiteurs.

Arrivés à Camden, on nous introduit dans la grande
galerie qui traverse le château. Déjà elle était peuplée de
groupes nombreux ; l'Impératrice avait commencé ses
réceptions, le Prince était sorti, mais on annonçait sa
rentrée.

Les dames étaient assises dans un grand vestibule à
colonnes qui forme une sorte d'*atrium ;* les hommes se
promenaient dans les vastes couloirs, et à chaque pas on
rencontrait quelqu'une des illustrations du dernier règne.

La plupart des anciens ministres, beaucoup de députés, de hauts fonctionnaires agitaient les plus brûlantes questions de la politique actuelle; il y avait là tout un gouvernement en puissance, prêt à fonctionner avec ses préfets, ses représentants de tout ordre, à l'intérieur comme à l'étranger. On sentait toute la force du parti, dont l'organisation est restée aussi solide et aussi homogène depuis la chute qu'elle était aux plus beaux jours de ses triomphes.

****

Après nous être fait inscrire, nous montons chez M. Rouher, qui nous reçoit dans une chambre fort simple, toute remplie des monceaux de lettres auxquelles il est obligé de répondre chaque jour. Il s'enquiert avec plus de détail qu'il n'avait pu le faire la veille de notre position, des sentiments du pays que nous venons de quitter; puis il nous raconte avec cette verve et ce bonheur d'expression qui lui sont propres, l'histoire de la manifestion du 16 mars.

Il avait commencé, nous dit-il, par en être à peu près le seul partisan. L'idée émise par lui dans une réunion de l'Appel au Peuple avait été repoussée à la presque unanimité des suffrages. Mais lorsque, dans une séance suivante, il en eut exposé et fait ressortir les avantages, peu à peu les plus hostiles s'étaient ralliés à son projet et la majorité s'était bientôt déplacée.

Tout allait bien, lorsque les terreurs du gouvernement menacèrent de tout compromettre.

Les compagnies de chemins de fer avaient promis d'organiser des trains à prix réduits, elles recevaient l'ordre d'y renoncer.

Une circulaire du ministre de l'Intérieur interdisait aux fonctionnaires de se rendre en Angleterre le 16 mars; les militaires ne pouvaient obtenir l'autorisation nécessaire pour s'absenter à la même date. Le mouvement qui commençait à se produire était enrayé par cette série de mesures coërcitives.

On craignit alors qu'en présence de tant de difficultés

réunies, l'ardeur des plus zélés ne vînt à se refroidir. Toutefois, le sort en était jeté ; on tenait à honneur de tenter jusqu'au bout la fortune.

Il importait au parti impérialiste de consacrer, par une solennité exceptionnelle, la majorité politique du Prince. Il fallait que les hommes de bonne volonté fussent appelés à voir de près l'héritier de Napoléon III, qu'ils pussent apprécier son intelligence et juger de la décision de son caractère ; rentrés dans leurs foyers, ils rapporteraient aux autres les faits dont ils auraient été les témoins et on était sûr que l'épreuve ne serait point défavorable.

Ajoutez à cela une autre considération qui avait bien sa valeur. Depuis longtemps déjà, le Prince Jérôme Napoléon tenait une conduite équivoque et de nature à compromettre sa famille ; il fallait le contraindre à s'expliquer. Or, l'occasion ne pouvait être meilleure. Invité à Chislehurst pour célébrer la majorité de son neveu, il était obligé de se prononcer. — Il avait répondu par un refus ; désormais la situation était très nette.

Telles étaient les principales raisons que nous exposa M. Rouher ; puis il conclut en se félicitant du magnifique résultat sur lequel il n'aurait jamais osé compter et qui avait déconcerté ses plus brillantes prévisions. Il finit par une plaisante saillie, en nous assurant que, l'Empire rétabli, il ne prétendait plus à aucun honneur et qu'il avait demandé à l'avance la modeste place de juge de paix dans un obscur canton de l'Auvergne.

Nous allions prendre congé après cette conversation si longue et si intéressante pour nous, lorsque M. Haentjens le pria de nous faire visiter la chambre mortuaire et le cabinet de travail de l'Empereur.

Aussitôt il se met à notre disposition et nous précédant à travers les couloirs, il nous conduit jusqu'au cabinet où il avait eu avec l'Empereur déjà souffrant et secrètement épuisé par la maladie, son suprême entretien. C'est là, près d'un petit bureau d'une simplicité austère, dans une chambre tapissée du papier le plus commun, n'ayant qu'un portrait de son fils sur la cheminée et devant lui qu'une bibliothèque composée de quelques rayons chargés de livres militaires,—c'est là que Napoléon III méditait sur les grandeurs et sur les revers inouïs de son étonnante destinée. Lorsque des amis venaient le visiter dans son exil pour s'inspirer de sa sagesse et aussi pour lui apporter des consolations précieuses même aux plus fortes âmes, il repassait avec eux l'histoire de ces dernières années marquées par tant d'événements divers; il ne se plaignait pas de son sort, il ne récriminait jamais sur la conduite de ceux qui, après l'avoir leurré des plus flatteuses promesses, avaient eu le courage honteux de manquer à leur parole et de l'abandonner lâchement.

Au contraire, si quelqu'un autour de lui les stigmatisait de quelque parole sévère, il intervenait sur-le-champ pour les défendre et pour les excuser. Après comme avant les désastres, c'était bien toujours le même homme qui, par son affabilité et son indulgente douceur exerçait sur tous ceux qui l'approchaient une si puissante attraction.

En nous racontant ces détails, M. Rouher a les larmes aux yeux ; les souvenirs l'envahissent, on voit qu'ils se pressent dans sa mémoire et que son cœur est prêt à déborder.

L'émotion augmente encore lorsque nous franchissons le seuil de cette chambre où s'est éteint, il y a deux ans, l'Empereur Napoléon III. Rien n'a été changé dans la disposition générale depuis la date funèbre, tous les meubles sont à la place qu'ils occupaient le jour de la mort.

Un lit de repos avait été placé au milieu et on y avait transporté le malade pour faire l'opération si difficile, aux suites de laquelle il a succombé. Ce lit est couvert de bouquets de violettes, comme le tombeau de la chapelle ; à côté, dans une armoire vitrée, sont déposés les uniformes militaires que portait l'Empereur dans les réceptions des Tuileries. Tous les objets dont il s'est servi avant et pendant sa maladie sont rangés dans l'ordre qu'ils avaient le jour où il fut enlevé si inopinément à l'affection des siens. La pendule est arrêtée sur la minute même à laquelle il rendit son âme à Dieu. Depuis, on n'a pénétré dans cette pièce qu'avec le respect qui était dû à la memoire de l'illustre défunt ; c'est là désormais une chambre historique, que l'aimable propriétaire de Camden-House ou ses descendants montreront plus tard aux étrangers comme une sorte de relique, consacrée par le grand événement dont elle a été le témoin et dont elle conserve les tristes et ineffaçables traces.

*
* *

Cette pieuse visite achevée, nous redescendons dans la galerie pour attendre notre tour d'audience.

Après un assez long temps d'attente, nous sommes introduits près de l'Impératrice ; elle reçoit dans un vaste salon terminé par une sorte de rotonde et éclairé par de larges fenêtres donnant sur le parc. Elle est en grand deuil et elle porte, avec cette grâce parfaite qui ne l'abandonne jamais, le costume de veuve, tel que l'exigent les habitudes anglaises : un long voile attaché au sommet de la tête et formant une demi-couronne, — une robe noire avec des manchettes blanches, qui recouvrent entièrement l'avant-bras et montent jusqu'au coude.

Sa taille est toujours aussi souple, aussi svelte et, malgré les épreuves terribles subies en ces dernières années, il semble que le temps n'ait fait qu'effleurer celle qui fut, aux Tuileries, l'objet de l'admiration affectueuse de l'Europe entière.

Aujourd'hui, d'ailleurs, son visage est tout rayonnant de bonheur ; la journée d'hier a été pleine de consolation et d'espoir ; les tendresses de la mère se mêlent aux joies de la Souveraine et les complètent en les rendant plus douces encore et plus pénétrantes. On sent, en la voyant si heureuse et si expansive, qu'elle a foi en son fils et qu'elle est prête à s'effacer devant lui, avec ce désintéressement et cette abnégation dont elle a déjà donné tant de nobles preuves.

Elle nous reçoit avec cette familiarité pleine de noblesse et de distinction, qui l'a toujours rendue si séduisante pour ceux qui ont eu la faveur de l'approcher. Sur-le-champ la conversation s'engage, touchant à bien des sujets et ravivant bien des souvenirs. L'un d'entre nous rappelle à l'Impératrice qu'il a eu l'honneur de lui être présenté à l'époque de l'inauguration de l'isthme de Suez. C'était le temps heureux où tous les rois de l'Europe s'empressaient autour d'elle et lui apportaient le tribut de leurs hommages. Ce mot seul réveille en sa mémoire tout un passé de splendeur et de gloire; mais elle ne veut pas s'y arrêter : toutes ses pensées aujourd'hui doivent être tournées vers l'avenir.

M. Haentjens lui présente un des délégués de la Sarthe, comme un républicain de la veille, devenu un ardent partisan de la restauration impériale. Aussitôt l'Impératrice, se tournant vers notre compatriote avec un gracieux sourire, se félicite de trouver en lui une récente conquête. Elle comprend d'ailleurs, mieux que personne, la possibilité d'une pareille évolution. Au beau temps de la jeunese, tout le monde a été plus ou moins attaché à l'opinion républicaine, — qui est, théoriquement du moins, la plus belle, la plus satisfaisante pour l'esprit. Moi-même, nous dit-elle, moi-même j'ai été républicaine, et je respecte les convictions de ceux qui restent sincèrement attachés à cette noble idée. Mais il vient un moment où l'expérience modifie profondément notre manière de voir. Ce qui nous avait semblé excellent et magnifique lorsque nous restions dans la région sereine de la théorie, nous paraît impossible ou à peu près lorsque nous nous heurtons aux difficultés de la pratique. Alors nous sommes forcés de renoncer aux illusions que nous avions caressées avec amour et de reléguer parmi les utopies des croyances dont le prestige nous avait longtemps éblouis.

Grâce à je ne sais quelle association d'idées, nous en étions venus à parler du général Trochu, et M. Faliès émit cette opinion qu'un jour le repentir de ses fautes le tourmenterait dans sa retraite et qu'il demanderait publiquement pardon de la trahison qu'il avait commise. — Vous vous trompez, s'écria l'Impératrice, et vous le connaissez mal. L'aveuglement de cet homme est tel, il est si complétement infatué de sa personnalité, si intimement convaincu de son innocence, qu'il ne pensera jamais à se faire pardonner des fautes dont il n'a pas même conscience. Après avoir prêté la main à la Révolution du 4 septembre, après avoir pris une part si funeste aux événements qui ont suivi, il n'éprouve assurément aucun regret, aucun remords. Il est rentré dans la vie privée, et il mène la plus tranquille des existences. S'il n'avait pas une famille dont l'affection le retient, il se ferait sans doute moine dans quelque couvent et son bonheur serait complet.

Nous ne pouvons rapporter ici, on le comprend, toutes les paroles échangées dans cet entretien si précieux pour nous ; nous avons dû nous borner à en indiquer le ton, et l'on comprendra ici encore les motifs de notre réserve.

*
* *

Ayant pris congé de l'Impératrice, nous devions être admis auprès du Prince.

Il nous reçoit dans son cabinet de travail. Après les présentations d'usage, il cause avec nous des élections prochaines, surtout de l'élection de la Gironde, qui occupe en ce moment tous les esprits. Puis il nous pose de nombreuses questions sur l'état de notre département, et il ne s'informe pas seulement de ce qui a trait à la situation politique, mais il insiste avec beaucoup d'intérêt sur les questions économiques, sur l'état de l'industrie, du commerce. Il montre des connaissances solides, un esprit déjà mûr ; on voit qu'il s'est livré à des études approfondies, conduites avec intelligence et suivies avec ardeur. L'élève de Woolwich n'est pas un simple écolier.

Il a compris que, de notre temps, ceux qui aspirent à gouverner les nations doivent prouver, par leurs qua-

lités personnelles, qu'ils sont à la hauteur du rang suprême.
C'est la supériorité de leur mérite qui légitime et qui soutient leurs prétentions. La dynastie des Napoléon a fondé sa grandeur sur les suffrages populaires ; mais ce sont les services rendus, c'est — qu'on veuille bien nous passer le mot — la valeur intrinsèque de ses représentants qui leur a mérité l'estime et l'affection du pays.

Celui qui recueille aujourd'hui leur héritage travaille, avec une persévérance bien rare, à se rendre digne de suivre leurs exemples et de renouer leurs glorieuses traditions.

La France lui en sait gré et elle est prête à le lui prouver par des témoignages effectifs. Elle sait d'ailleurs que, le jour venu, on verra se grouper autour de lui des conseillers fidèles, des hommes dont le pays a déjà été à même d'apprécier l'énergie et la valeur.

Ce qui effraie surtout et ce qui irrite nos adversaires, ce qui les rend si violents dans leurs attaques et si obstinés dans leur haine, c'est qu'ils ne peuvent se dissimuler que le parti impérialiste est le seul qui dispose d'un personnel capable, expérimenté, prêt à entrer en fonctions au lendemain même de son avènement.

Au nombre des Français qui se pressaient le 16 mars dans le parc de Chislehurst, il y avait treize anciens ministres, MM. Rouher, duc de Gramont, comte de Casabianca, marquis de Lavalette, Gressier, Pinard, duc de Padoue, Barrot, Grandperret, Chevreau, Mége, Busson-Billault, Béhic, et les deux préfets de police, MM. Piétri et Boittelle.

L'ancien conseil d'Etat était presque au complet ; nous citerons seulement parmi les membres présents : MM. Abbatucci, Cottin, Vernier, Gaudin, Chasseriau, de la Noue-Billaut, Chassaigne-Goyon, Genteur, Boinvilliers, Goupy, Eugène Bataille, Brincart, Gustave Rouher, Quentin Bauchard, Taigny, Bayard, vicomte de Casabianca, Roussigné, Oldekop, Jolibois, A. Legrand, de Magnitot, Le Provost de Launay, Ramond, Festugières, des Mazières et Burlet.

Le Corps législatif était représenté par MM. C. Dolfus,

E. Dréolle, marquis de Colbert, Bartholomy, de Guilloutet, comte de Lavalette, Lacroix St-Pierre, Édouard André, comte d'Ayguevives, comte de la Poëze, baron Buquet, Lasnonier, Charles Leroux, Haentjens, Eschassériaux, Wast-Vimeux, baron de Corberon, Desmaroux de Gaulmin, Argence, Granier de Cassagnac, Noubel, baron de Bourgoing, Peyrusse, Busson-Billault, Labat, Déguillhon Pujol, Pinard, Stephen Liégeard, Mathieu, Chagot, Prax-Paris, comte Murat, A. de Delmas, duc de Rivoli, Belliard, marquis d'Avrincourt, Chaix d'Est Ange, Thoinet de la Thurmelière, Hamoir, marquis de Piennes, baron de Pierres, Sens, comte Jérôme de Champagny.

Parmi les membres de l'Assemblée actuelle, nous avons remarqué MM Prax-Paris, Haentjens, Eschassériaux, Wast-Vimeux, comte Murat, Levert (ancien préfet), Boffinton (ancien préfet), Abbatucci (ancien conseiller d'Etat), A. Legrand, Martenot, Sens, Gavini (ancien préfet), Galloni d'Istria et comte de Fermon.

Enfin, nous ajouterons que, sur les 87 préfets de l'Empire, 65 s'étaient rendus à Camden-Place, — chiffre qui, comme on l'a fait observer, représente la presque totalité de ces anciens fonctionnaires, car il en est mort un assez grand nombre depuis trois ans.

Cette nomenclature, assurément fort incomplète, suffit pour donner une idée de la situation du parti impérialiste et des ressources dont il sera en mesure de disposer si le peuple français, librement consulté, se decide une fois de plus à recourir à l'expérience de ses hommes d'Etat.

*
* *

Sûr de ses forces et confiant dans sa popularité renaissante, il assiste sans aucune impatience au travail qui se produit dans la nation, il constate avec une satisfaction bien naturelle l'heureuse réaction qui ramène vers lui tant d'esprits égarés par les mensonges de ses adversaires. Chaque jour la lumière se fait sur les origines et sur les causes de cette guerre qu'on lui a reprochée comme la plus gratuite des fautes. Malgré les affirmations de M. Thiers et de ses amis les radicaux, il est désormais incontestable que c'est la Prusse qui doit en assumer sur elle toute la responsabilité, et qui, dans l'histoire, devra en porter tout le blâme. Quoi qu'en disent des témoins intéressés, quoi que prétendent ces étranges patriotes qui préfèrent la République à leur pays, qui sont heureux d'absoudre la Prusse et de proclamer la France coupable, et qui enfin se consolent de la perte de deux provinces en se félicitant de la chute de l'Empire, — personne n'ignore aujourd'hui avec quelles précautions infinies le roi Guillaume s'était préparé à la guerre, avec quelles ruses machiavéliques M. de Bismark était parvenu à la rendre inévitable. L'honneur de la patrie était en jeu et, sur ces questions délicates, le sentiment public ne pardonne pas aux gouvernants qui laissent outrager, en leur personne, la dignité de la nation dont ils sont les représentants naturels. Combien n'a-t-on pas reproché au régime de Juillet sa lâcheté devant les défis qui lui ont été plus d'une fois jetés par l'étranger !

Si la guerre n'avait pas été déclarée, ceux-là mêmes qui se vantent aujourd'hui de l'avoir si hautement condamnée auraient été les premiers à reprocher à l'Empire de s'être laissé honteusement provoquer par nos ennemis.

Ces vérités sont aujourd'hui reconnues par tous les hommes de bonne foi et les documents qui ont été successivement publiés depuis 1870, n'ont servi qu'à en démontrer de plus en plus l'incontestable évidence.

Est-ce à dire que ceux qui pendant si longtemps ont poursuivi l'Empereur et son gouvernement des plus odieuses calomnies se soient déclarés convaincus ? Non, assurément. Ils aiment mieux reconnaître que la justice était du côté des Prussiens, ils préfèrent innocenter M. de Bismark et rendre inutile son fameux mot : « La force prime le droit ! » Libre à eux.

Quant à nous, nous avons toujours cru — et nous sommes plus convaincus que jamais — que l'Empereur ne voulait pas la guerre, qu'il a été contraint de la déclarer, parce que les circonstances sont quelquefois plus fortes que les hommes, qu'il ne l'a entreprise qu'à regret, avec ce triste pressentiment dont sa proclamation au peuple français laissait voir la trace évidente. La France a été malheureuse, elle a essuyé de terribles désastres, elle a perdu une portion de son territoire. Mais elle eût été moins maltraitée, elle n'aurait pas vu l'ennemi jusqu'au cœur de ses provinces, elle n'aurait pas eu à payer l'énorme indemnité sous le poids de laquelle un vainqueur impitoyable a essayé de l'écraser, elle n'aurait pas été réduite à sacrifier la Lorraine après l'Alsace, si la Régence de l'Impératrice eût été reconnue, si le crime du 4 septembre n'avait pas été commis grâce a la complicité du général Trochu, qui avait juré de se faire tuer sur les marches des Tuileries, plutôt que de laisser passer la Révolution triomphante.

Tout cela, on a cherché d'abord à nous le cacher soigneusement. Ceux qui avaient profité de nos malheurs, ceux qui, sur les ruines de notre grandeur, avaient établi leur fortune et leur influence, — ceux-là étaient trop intéressés à déguiser la vérité, à la dissimuler ou à l'altérer. Ils ont menti effrontément, et, pendant les longs mois de leur puissance, ils ont entassé calomnies sur calomnies pour surprendre et pour égarer la religion populaire.

Les envieux, les faux libéraux ont fait cause commune avec eux, parce qu'ils espéraient un jour ou l'autre détourner le courant à leur profit.

Mais aujourd'hui la lumière est faite, et l'opinion revient de plus en plus à l'Empire. Elle le considère avec raison comme le seul pouvoir capable de tenir tête au flot montant du radicalisme et de la démagogie. De plus, elle est persuadée que, fidèle à ses origines, fidèle au principe du suffrage universel, qui forme le fond et la base de sa doctrine, il saura unir, dans une sage mesure, les progrès de la démocratie moderne et les traditions d'autorité centralisatrice auxquelles la France a montré, de tout temps, un si profond et si inaltérable attachement.

Les détracteurs du parti bonapartiste vous diront sans doute qu'il compte sur la force pour assurer son triomphe, qu'il ne rêve que coups de main ou prononciamentos militaires : N'en croyez rien. Les bonapartistes ont contribué, pour leur part, à la Révolution parlementaire qui a renversé M. Thiers et qui l'a remplacé par le maréchal Mac-Mahon.

En toute circonstance, ils ont témoigné de leur respect et de leurs sympathies pour l'illustre vaincu de Reischoffen et de Sedan, pour celui qui fut, comme l'a si bien dit le quatrième Napoléon, « le compagnon des gloires et des malheurs de son père. » Ils lui ont prêté loyalement, ils lui prêteront toujours leur appui dans la lutte qu'il soutient contre les ennemis de l'ordre et de la société.

Mais il ne leur est pas défendu de regarder au-delà, de chercher une solution qui nous fasse sortir enfin du provisoire et qui mette un terme aux crises terribles que nous avons traversées. Après tant d'expériences malheureuses, ils demandent que l'on se décide à tenter l'épreuve définitive,

L'APPEL AU PEUPLE

Et le jour où la nation consultée aura décidé elle-même de son sort, ils s'inclineront respectueusement devant le verdict qu'elle aura prononcé.

APPENDICE

—

La Presse étrangère

Lorsqu'on veut connaître l'effet réel produit par un événement politique comme celui qui s'est accompli en Angleterre le 16 mars, ce n'est pas à la presse française qu'il convient de s'adresser.

Dans un pays aussi divisé que le nôtre, chacun juge selon ses propres idées, et la passion se mêle toujours plus ou moins aux appréciations émises par les différents organes des partis.

Les uns pèchent, si vous voulez, par un excès de bienveillance, les autres par une hostilité de parti-pris qui les aveugle au point de leur faire dénaturer les faits.

Les journaux étrangers ne sont pas exposés aux mêmes causes d'erreur. N'étant pas troublés

par ces considérations d'intérêt qui exercent né-
cessairement une fâcheuse influence, même sur
les esprits les plus impartiaux, ils jugent avec
une véritable indépendance et ils voient la situation telle qu'elle est.

Voilà pourquoi nous avons tenu à rassembler
ici quelques-uns des articles publiés par la presse
anglaise et par la presse américaine. On verra, en
les lisant, avec quelle audace nos adversaires politiques ont altéré la vérité, pour tâcher d'enlever
à la manifestation du 16 mars son vrai caractère
et sa réelle portée.

*
* *

Le principal organe de l'Angleterre, celui qui
suit et reflète avec une exactitude scrupuleuse les
nuances diverses de l'opinion publique, le *Times*,
autrefois si hostile à l'Empire, publiait le 17 un
article dont nous avons déjà recommandé la lec-
ture aux feuilles légitimistes, orléanistes ou républicaines qui nous ont fait l'honneur de multiplier
contre nous les attaques et les injures. Tous les
hommes de sangfroid, à quelque parti qu'ils appartiennent, n'ont pu voir, sans en être particulièrement frappés, le langage tenu par le *Times*, dans
un pays où l'on aime si peu à se payer de mots,
sur cette terre classique du bon sens et de la raison pratique.

Voici l'article en question :

Il serait puéril de nier l'importance de la grande démonstration qui vient d'avoir lieu à Chislehurst.

Les Anglais, qui n'ont aucun rapport politique direct avec la dynastie impériale, n'ont pu lire, sans une vive émotion, les détails de cette belle journée à Camden-Place.

Un autre Napoléon montera-t-il au trône de France ?

L'aigle blessé à Sedan est-il prêt à reprendre son essor ?

L'ouragan de haines et de malédictions qui s'est abattu sur le nom et sur la famille Bonaparte s'est-il apaisé, et le soleil d'Austerlitz va-t-il luire encore de tout son éclat ?

Il y a quatre ans à peine, l'Empire s'est écroulé au milieu de circonstances extraordinaires. Il n'y a pas longtemps que, d'un bout de la France à l'autre, il eût été plus prudent de justifier les Prussiens ou d'approuver l'annexion de l'Alsace et de la Lorraine que de prêcher la restauration de l'Empire.

La nouvelle Assemblée, élue par le peuple, a proclamé, à l'unanimité moins quelques voix fidèles, la déchéance de la dynastie impériale ; tout ce qui pouvait rappeler la mémoire du souverain détrôné a été anéanti ou effacé ; dans les conversations, on affectait de ne jamais prononcer les noms de : « Empereur » ou « Napoléon, » mais on disait : « Lui. » Le parti bonapartiste paraissait abattu ; quelques partisans courageux osaient seuls avouer leurs sympathies pour une cause qu'on croyait à jamais perdue.

Mais aujourd'hui quel contraste ! Il y a déjà quelques mois que les chefs du parti impérialiste figurent au nombre des plus éminents hommes d'Etat qui occupent le pouvoir. Depuis la ruine des espérances du comte de Chambord, ils ont parlé ouvertement de la majorité du Prince Impérial et annoncé que celui-ci ferait son entrée sur la scène politique comme héritier et successeur de son père.

Leur prophétie s'est maintenant accomplie.

Le 16 mars a été célébré d'une façon qu'on ne pourra oublier de sitôt. On a voulu produire de l'impression et le but a été atteint.

Mais nous sentons que ce n'a pas été une cérémonie vide de sens, ni une simple manifestation d'amis ou de serviteurs attachés à la famille par les liens de la reconnaissance.

Les bonapartistes ne se sont pas donné tant de peine

pour exprimer simplement leurs espérances ou leurs regrets.

Non, ils sont venus délibérément de tous les points de la France pour accomplir un acte national d'hommage au quatrième Napoléon.

Le parti bonapartiste s'est, par ce fait même, constitué d'une manière solennelle.

Pendant la minorité du Prince Impérial, les membres de ce parti sont restés fidèles à leurs traditions ; mais ils n'avaient jamais reçu l'assurance que le chef de la maison assumerait la position qui lui revenait par droit d'hérédité.

Maintenant, tout est terminé.

Le fils et l'héritier de Napoléon III s'est placé enfin à la tête de son parti. Il régnera par la volonté nationale. Si le nom des Napoléon sort pour la huitième fois des urnes électorales, il est prêt à accepter la responsabilité que lui imposerait le vote du pays.

L'entrée en scène d'un nouveau prétendant impérial au trône de France ne serait pas sans importance, même si ses partisans étaient peu nombreux et si le pacte formel avait été conclu, non pas ouvertement et avec le cérémonial d'une cour, mais dans quelque sombre et mystérieuse maison de Londres.

Le nom du prince Louis-Napoléon Bonaparte avait un pouvoir magique en France, il y a une trentaine d'années.

Si une dizaine de bonapartistes seulement étaient venus à Chislehurst et s'étaient engagés envers le Prince Impérial et envers eux-mêmes de rétablir l'Empire, nous aurions, à en juger par l'expérience du passé, mis une grande discrétion à caractériser et à apprécier l'événement

Avec des forces dispersées et inconnues dans toutes les classes de la société française, personne ne peut prétendre savoir ce qu'une poignée d'hommes audacieux et adroits pourraient entreprendre. Mais le jeune homme de Chislehurst a déjà le cortége d'un monarque.

Si, sous certains rapports, il se trouve dans une position plus désavantageuse que son père, les désastres de la France étant encore récents, d'un autre côté, il a déjà sous

la main tout l'appareil impérial. Il commence où son père
a fini. L'étonnant assemblage qui a traversé le détroit pour
prendre part à la démonstration de lundi se compose
d'hommes de tout rang et emploi. Il y avait là des gens qui
connaissent intimement la société française, et une pareille
connaissance est des plus utiles aux intérêts d'un aspirant
au trône.

Il y avait des gens connaissant à fond les provinces, les
mœurs et l'esprit des campagnards; il y avait des hommes
influents de la finance et de l industrie, des ex-ministres,
des députés, presque tous les anciens préfets de l'Empire;
et si l'armée ne se trouvait pas directement représentée,
nous savons que ce n'est pas parce qu'il manque des bonapartistes dans ses rangs.

L'héritier des Bonaparte a donc à son service un gouvernement complet; il tient le second Empire dans ses
mains, n'attendant que l'occasion de le transformer en
un troisième. Le second Empire a été renversé par l'inva-
sion prussienne et les menées révolutionnaires des républicains, mais son organisation demeure intacte. Un des
plus singuliers phénomènes de la politique française, c'est
la stabilité de l'impérialisme officiel et politique. Quels
qu'aient été les travers des bonapartistes quand ils étaient
au pouvoir, ils sont restés unis.

Si c'est par sincérité, leur conduite est digne de tous
les éloges ; si, comme certaines personnes l'affirment, ils
ont agi par égoïsme ou par intérêt, nous avons au moins
la preuve convaincante qu'une agglomération d'hommes
éprouvés, expérimentés et entreprenants ont la croyance
que l'Empire est encore possible malgré les manœuvres de
ses ennemis.

Si c'est ainsi que la démonstration de lundi est jugée
par des Anglais désintéressés et de sang froid, quel effet
doit-elle produire en France ? Nous serions fort surpris si
l'anniversaire de la naissance du Prince Impérial n'avait
pas une influence considerable sur la politique française.
Les impérialistes lèvent aujourd'hui la tête; ils se mon-
trent comme les légitimistes, il y a six mois ; les autres
partis affectent en vain une indifférence méprisante; ils ne

parviennent pas à dissimuler leur inquiétude. A Paris, on
parle plus que jamais de l'Empire et du Prince Impérial ;
on revient sans cesse sur le même sujet, comme s'il n'y
avait pas d'autre perspective politique. Au delà, il n'y a
qu'ombre et chaos.

*
* *

Telle est la pensée du *Times* ; et l'on se trompe-
rait étrangement, si l'on croyait que ce fût là
l'expression d'une manière de voir personnelle et
isolée. Les journaux whigs ou torys, les journaux radicaux, comme le *Daily News* qui est le
Siècle de l'Angleterre, constatent unanimement les
progrès accomplis depuis deux ans par le parti
bonapartiste. Tout le monde à Londres considère qu'il faudrait être aveugle pour ne pas voir
l'Empire au bout de la crise que nous traversons.

A l'aide de quelques extraits des « leaders »
consacrés par la presse anglaise à l'important événement de la majorité du Prince Impérial, nous
allons montrer que toute la presse anglaise par-
tage l'opinion du *Times*.

Voici en quels termes s'exprime le *Daily Tele-
graph :*

Les bonapartistes ont lieu d'être fiers de la cérémonie
politique qui s'est accomplie à Chislehurst. Plus de huit
mille personnes s'y étaient donné rendez-vous pour protester de leur dévouement au Prince et à l'Impératrice. Il y avait
là des nobles, des pairs, des hommes d'Etat émérites. Il y
avait des ministres, qui jadis ont tenu dans leurs mains les
destinées de l'Europe et qui pourraient un jour en disposer
encore

Il y avait des maréchaux de France, des officiers de

l'armée. Il y avait des députés, des préfets et une foule de partisans plus obscurs. M. Rouher, le chef du parti impérialiste, était naturellement la figure la plus imposante après le Prince Impérial et l'Impératrice. Tous ces noms ont une signification considérable qui sera pleinement reconnue en France. Le monde entier n'aurait pu fournir un assemblage plus touchant de fidélité et de dévouement. Quand, il y a un an, les mêmes amis éprouvés sont venus aux funérailles de l'Empereur, leur attitude était morne et désolée ; on aurait dit qu'ils assistaient à l'enterrement d'une dynastie, mais la cérémonie d'hier avait un aspect tout autre ; les regards et les paroles renfermaient des espérances dont il est difficile de méconnaître la portée et le but ; on proclamait un grand principe, on acclamait un futur Empereur.

Le *Daily-News*, dont nous avons indiqué plus haut les tendances républicaines, n'est pas moins favorable dans ses appréciations :

Le discours du Prince, dit-il, a été inspiré par de bons sentiments et repose entièrement sur le principe de l'Appel au peuple. Le jeune prétendant en décrivant les bases de ce gouvernement définitif composé d'un « grand parti national, sans vainqueurs ni vaincus, s'élevant au-dessus de tous pour les réconcilier, » semble s'être inspiré des idées de M. Thiers, quand celui-ci recommandait l'adoption d'une république conservatrice.

C'est cette mission qu'il se donne et dont il ne s'écartera pas, si, pour la huitième fois, le nom des Napoléon sort des urnes populaires. Son allusion modeste à sa jeunesse et à son inexpérience et l'hommage de tendresse et d'affection qu'il rend à sa mère dépeignent les sentiments qui animent le jeune Prince et sont bien faits pour lui attirer la sympathie de tous ceux à qui il s'est adressé.

A tort ou à raison, on a accusé l'Empereur d'être la cause des malheurs de la France ; mais le Prince Impérial ne peut être tenu responsable ni de la déclaration de la

guerre, ni des conséquences qui en sont résultées. Aujour-
d'hui, il veut non-seulement en appeler au peuple, mais
encore il répudie toute idée de violence et de conspiration ;
de sorte que ses prétentions au trône sont aussi légitimes
que celles des monarchistes qui affichent ouvertement leurs
prétentions et qui n'oseront se présenter devant le pays
qu'après avoir éliminé trois millions de citoyens des listes
électorales.

En concluant, le *Daily-News*, ne prenant conseil que de la logique et de la raison, déclare que,
si la République ne parvient pas à se consolider,
il ne reste désormais d'autre alternative que la
restauration de l'Empire.

Le *Standard* est beaucoup plus net dans ses
jugements et plus favorable dans ses prévisions.

La démonstration à Chislehurst avait, dit-il, un caractère imposant, et sa sincérité ne saurait être mise en doute.
Le second Empire, depuis Sedan, a été couvert d'épi-
grammes ; mais cela n'empêche pas un troisième Empire
de poindre à l'horizon. Personne ne peut dire aujourd'hui
que les bonapartistes complotent à l'ombre. La conspiration, si conspiration il y a, s'affirme au grand jour. Les
prétentions du Prince Impérial sont claires et bien définies.
Sa réponse au duc de Padoue, à l'heure qu'il est, a été
lue par des millions de personnes, et il serait étonnant qu'elle
ne fût pas admirée par la majorité des lecteurs. La vue d'un
jeune homme de dix-huit ans parlant, non-seulement en
son nom, mais au nom d'une des grandes dynasties mo-
dernes, est bien faite pour surexciter l'imagination et même
pour toucher les cœurs, et il faut reconnaître que le Prince
s'est acquitté de sa tâche difficile avec beaucoup de tact et
de jugement.
Le Prince est resté fidèle à la tradition de sa famille. Il ne
veut monter sur le trône que par un plébiscite ou pas du

tout. Il respectera la volonté nationale librement consultée
et tous les Français ne pourront que l'approuver. Pour le
reste, si le Prince est bien conseillé, il peut être appelé à
faire de grandes choses. Il ne troublera pas la France en
mettant en avant ses prétentions, mais il se préparera à
bien gouverner au cas où, comme tout le fait supposer, sa
destinée l'appelle à régner en France.

Voici maintenant ce que nous lisons dans *The
Hour* :

Le 16 mars 1874 peut-être inscrit dans le calendrier
politique de la France comme l'inauguration d'une nouvelle ère nationale.

Les ennemis mêmes de l'Empire ne pourront s'empêcher
de convenir que le prince s'est acquitté admirablement de
la tâche difficile et quelque peu ingrate qu'il a eue à
remplir. Son discours est plein de virilité et si quelque chose peut inspirer confiance dans le caractère du
Prince, c'est l'esprit de franchise et de résolution de ce
manifeste qui, certainement, est appelé à figurer dans l'histoire de la nation française.

Quoi qu'il en soit, les leçons de l'avenir ne seront pas
perdues pour le Prince. Le monde ne saura peut-être
jamais à quelles idées est arrivé, dans les longues heures
d'exil qu'il a passées à Chislehurst, celui qui pendant
vingt-ans a été l'arbitre de la paix et de la guerre en
Europe. Mais il n'est pas douteux qu'il a communiqué ces
idées à son fils. Il appartient au jeune Marcellus d'une
dynastie tombée, mais non abattue, de montrer par ses actions quelle était la nature des dernières leçons paternelles.

En attendant le peuple Français n'oublie pas que le nom
de Bonaparte représente pour eux le seul système politique
solidement établi, le seul bien-être moral et matériel que
la génération actuelle ait connu, et certainement l'esprit de
la nation française ne sera pas défavorablement impres-
sionné par le discours et l'attitude prise hier par le Prince
Impérial.

Enfin, le *Morning-Post*, journal aristocratique par excellence, trouve que la réception a été grande et digne.

Ceux, dit-il, qui n'avaient jamais vu le Prince ou qui, ne l'ayant connu que dans sa tendre jeunesse, entretenaient des doutes sur son énergie et ses capacités, ont été promptement rassurés à l'audition de son discours. Ils pourront dire à leurs amis de France que le frêle enfant est aujourd'hui un vigoureux jeune homme et que la restauration de l'Empire est plus que jamais possible.

Tel est le résumé succinct de ce que disent les écrivains anglais et, en reproduisant ces lignes pleines de sympathie, nous ne pouvons maîtriser un sentiment de fierté ; nous ne pouvons nous empêcher de témoigner encore la reconnaissance que nous devons à ce grand peuple, si loyal, si hospitalier, et dont la presse est à juste titre la première du monde par son importance, par sa justesse d'idées et par cette impartialité si rare qui fait en même temps sa force et sa gloire.

** **

Après avoir recueilli dans la presse anglaise des témoignages si unanimes en faveur de la cause que nous nous honorons de défendre, nous sommes heureux d'en trouver de nouveaux dans un journal dont les opinions et les attaches ne seront assurément pas suspectes. Il s'agit d'une feuille ouvertement et sincèrement républicaine, l'*American register*. Voici un article que nous empruntons textuellement à son numéro du 20 mars et que nous reproduisons *in extenso :*

Personne ne peut contester, nous le pensons du moins, le grand succès de la manifestation bonapartiste à Chislehurst. Six mille Français, l'elite d'une grande nation, ont bravé les fatigues d'un long voyage, traversé la mer, se sont rendus à grands frais dans un pays etranger, dans le seul but de saluer l'heritier de leurs Empereurs a l'avénement de sa majorité. Loyaux avant tout dans la discussion, nous nous bornons d'abord a constater les faits, quelle que soit la conclusion que nous en voulions tirer.

Ici, il ne peut y avoir lieu à erreur : il est positif que six mille cartes d'entrees ont eté délivrées aux pèlerins, venus de France à cette occasion, que tous ont inscrit leurs noms sur les registres disposes à cet effet, tandis que plus de cinq mille étrangers, Anglais et Américains, se joignaient à eux pour exprimer leurs sympathies à l'heritier d'un glorieux trône et à son auguste mère : c'est là un fait historique sans précédent dans l'histoire, et qui y restera peut-être unique : il eût ete impossible à aucun parti de produire une manifestation qui pût être comparable à celle-là, devant laquelle pâlissent les rares visiteurs de Claremont, et les quelques douzaines de légitimistes de Lucerne et Frohsdorf.

Sous l'Empire tout était grand, et son souvenir seul se traduit par de grandes actions et des faits mémorables. Ceux qui voudraient chercher à les déprécier ou à les amoindrir, feront bien de ne pas lire les recits qu'en font les journaux anglais. Pour nous, qui parlons au nom d'un journal et qui écrivons dans un organe républicain, nous ne voyons aucune raison pour attaquer cette belle et noble journee ou pour en dénaturer le sens : la manifestation a reussi, elle a éte imposante, et ce serait folie que de lui refuser une large part dans la politique actuelle.

Nous persistons depuis deux ans dans la même opinion, et nous le répétons chaque jour : il n'y a que deux partis en France, les bonapartistes et les républicains. Aucun autre parti n'a pour lui la moindre chance, car il n'est pour un gouvernement d'avenir possible, loyal, légal, honnête que le suffrage populaire. En admettant encore que l'Assemblée ait le pouvoir légal de fonder la monarchie, il est prouvé jusqu'à l'évidence, et il faut reconnaître qu'elle a complétement échoué dans cette entreprise, et qu'à partir de ce moment les royalistes ont chaque jour perdu du terrain.

Les légimistes ne forment plus qu'un petit groupe de paladins fidèles, qui mourront avec leurs espérances et les enterreront définitivement avec eux, mais qui voteront pour Napoléon IV comme ils ont voté pour Napoléon III plutôt que de se rallier aux d'Orléans. Et qui peut nier à quel point le parti de ces derniers se trouve réduit aujourd'hui ! A chaque élection, nous voyons un bonapartiste ou un républicain venir s'asseoir à la Chambre, et si, tôt ou tard, la dissolution a lieu ces deux partis resteront seuls maîtres du terrain.

En Bretagne même, ce dernier retranchement des légitimistes, ce sont des républicains qui sont élus, tandis que M. Sens, bonapartiste s'il en fût, est choisi par le Pas-de-Calais pour le représenter, et ces deux partis restant seuls en présence, que les républicains fassent bien attention à eux, à leurs armes, à leurs munitions, qu'ils se comptent : rien ne pourra les sauver que la prudence et la modération la plus grande; ils pourront maintenir encore sept ans la république, s'ils soutiennent ouvertement et franchement le duc de Magenta, mais qu'ils se souviennent qu'à la première faute ou à la première violence de leur part la France entière acclamera l'héritier des Napoléon.

FIN

TABLE DES MATIÈRES

—

FIN DE LA TABLE

www.ingramcontent.com/pod-product-compliance
Lightning Source LLC
Chambersburg PA
CBHW061217030726
47595CB00004B/1292